U0831699

国家自然科学基金项目(41431070)资助
河南城建学院博士科研启动基金(990/Q2017023)资助

青藏高原典型冰川物质平衡的双站InSAR探测理论与方法

孙亚飞　著

中国矿业大学出版社
·徐州·

内容提要

双站 InSAR 技术不仅具有全天时、全天候的雷达成像能力，其高分辨率的成像优势能够更加精确研究高亚洲山地冰川的厚度变化及物质平衡。本书提出了一种 TanDEM-X 双站 InSAR 冰川表面高程变化生成算法，在此基础上，完善了山地冰川物质平衡估算方法，分别以高亚洲的祁连山极大陆型冰川和藏东南海洋型冰川为试验区域，进行了冰川物质平衡及其对气候响应关系的研究，发现了祁连山西部山地冰川近十几年处于较为强烈冰川物质亏损状态，探明了 2000—2014 年藏东南冰川物质平衡的空间分布特征，即主要与温度和降水密切相关。

本书适合从事冰冻圈雷达遥感监测研究的教师、本科生与研究生参考使用。

图书在版编目(CIP)数据

青藏高原典型冰川物质平衡的双站 InSAR 探测理论与方法 / 孙亚飞著. — 徐州 ：中国矿业大学出版社，2019.11

ISBN 978 - 7 - 5646 - 1147 -7

Ⅰ. ①青… Ⅱ. ①孙… Ⅲ. ①合成孔径雷达—应用—青藏高原—冰川—研究 Ⅳ. ①P343.727

中国版本图书馆 CIP 数据核字(2019)第203526号

书　　名　青藏高原典型冰川物质平衡的双站 InSAR 探测理论与方法
著　　者　孙亚飞
责任编辑　满建康
出版发行　中国矿业大学出版社有限责任公司
(江苏省徐州市解放南路　邮编 221008)
营销热线　(0516)83884103　83885105
出版服务　(0516)83995789　83884920
网　　址　http://www.cumtp.com　**E-mail**:cumtpvip@cumtp.com
印　　刷　江苏凤凰数码印务有限公司
开　　本　787 mm×1092 mm　1/16　**印张** 6.25　**字数** 119 千字
版次印次　2019 年 11 月第 1 版　2019 年 11 月第 1 印刷
定　　价　36.00 元

前　言

在全球变暖的背景下，受印度洋季风和西风带的气候影响，高亚洲大部分冰川出现了不同程度的消融和退缩。同时，高亚洲作为除极地冰盖以外全球第二大的冰川聚集地，孕育了黄河、长江、恒河、湄公河、印度河、怒江和伊洛瓦底江等亚洲的七条重要河流，被称为“亚洲水塔”，对区域内水资源、水循环、海平面升降、大气环流、气候与环境等有重要影响，与区域经济社会发展关系密切。然而，由于该区域地形复杂、海拔较高、人迹罕至、实地观测费用较高等原因，只有少量的冰川具有实地观测资料，采用基于花杆的实地测量法和气象站的能量物质平衡法等传统冰川学技术手段难以开展大范围的冰川厚度、物质平衡等冰川变化信息观测。基于 GRACE 卫星重力观测、ICESat 测高和光学立体像对的空间大地测量技术提供了一种大范围、非接触式的冰川监测手段。但 GRACE 卫星重力观测结果分辨率较低(约 300 km)，ICESat 测高点分布离散度高，无法获取每条冰川的变化信息。而光学立体像对虽能获取每条冰川的变化信息，但冰川区域常年多云、多雨且在冰川积累区易出现光饱和现象，无法监测整条冰川地形信息。

随着合成孔径雷达技术的发展，尤其以 2010 年德国航空航天中心 TanDEM-X 科学计划和 2000 年美国国家航空航天局 SRTM 航天计划为代表的双站 InSAR，不仅具有全天时、全天候的雷达成像能力，而且它的高分辨率的成像特点使其能够更加精确地研究高亚洲冰川的厚度变化及物质平衡。本书提出了一种 TanDEM-X 双站 InSAR 冰川表面高程变化生成算法，在此基础上完善了山地冰川物质平衡估算方法，并分别以高亚洲的祁连山极大陆型冰川和藏东南海洋型冰川为试验区域研究了冰川物质平衡及其对气候响应关系。全书主要研究成果如下：

(1) 山地冰川物质平衡估算方法及误差来源评估方法研究。针对 TanDEM-X 双站 InSAR 干涉条纹过密影响了相位解缠效率和常规滤波方法降噪能力较弱的问题，本书提出了一种 TanDEM-X 双站 InSAR 冰川表面高程变化生成算法，即对 TDX/TSX(TanDEM-X/TerraSAR-X)干涉相位与 SRTM DEM 模拟相位进行差分处理，引入非局部均值(non-local，NL)差分相位滤波方法，抑制了差分相位的噪声水平并提高了地形信息的细节保持能力，获取了更为可靠的冰川表面高程变化结果。在此基础上，通过对冰川表面高程变化结果的季节性改正、雷达穿透性改正以及各项改正引入的误差源分析，完善了山地冰川物质平衡估算方法。

(2) 祁连山大陆型冰川表面高程变化及冰川物质平衡估算。本书采用上述方法和双站 InSAR 数据生成了祁连山西部山地冰川第一个高分辨率、高精度 DEM 地形结果，并利用 ICESat 卫星测高数据对常规滤波方法和 NL 滤波方法的 TDX DEM 结果进行了精度评估，结果表明 NL 滤波方法优于常规滤波方法。另外，本书采用差分 DEM 和差分相位两种方法估算了 2000—2013 年的冰川表面高程变化结果，并对结果进行了不确定性评估，评估结果显示差分相位方法优于差分 DEM 方法。因此，差分相位和 NL 滤波组合方法能够获取更为可靠的冰川表面高程变化结果。在此基础上，本书估算了祁连山西部整体山地冰川的表面高程变化结果和冰川物质平衡结果，分别为 (-2.823 ± 1.065) m 和 (-195.44 ± 73.82) mm w.eq.a^{-1}(表示雪水当量，指当积雪完全融化后所得到的水形成水层的垂直深度)。上述结果表明祁连山西部山地冰川近十几年处于较为强烈冰川物质亏损状态。另外，GNSS 和 SRTM DEM 的高程变化结果也验证了上述结果的可靠性。

(3) 藏东南海洋型冰川物质平衡空间差异性及对气候变化的响应。本书采用山地冰川物质平衡估算方法和12景TanDEM-X双站InSAR数据获取了藏东南地区2000—2014年的冰川表面高程变化结果,并对该结果进行了季节性改正、雷达穿透性改正以及相应的不确定性评估。本书采用5级流域数据划分得到藏东南冰川的17个子流域,重点分析了该区域冰川物质平衡的空间差异性,结果显示:藏东南冰川消融速率从东南方向到西北方向呈现逐渐减小的趋势。在此基础上,本书利用温度和降水等气候数据研究了冰川对气候变化的响应关系,结果表明:2000—2014年期间,藏东南冰川消融速率的空间分布特征主要受温度和降水的共同影响,即冰川消融速率与温度和降水变化成正相关。

本书得到了国家自然科学基金(41431070)和河南城建学院博士科研启动基金(990/Q2017023)的资助。本书是作者孙亚飞(河南城建学院)在博士学位论文的基础上编写完成的,在此对博士生导师许厚泽院士和江利明研究员的辛勤指导表示感谢!此外,本书参考了国内外的前沿技术资料和文献,在此对相关研究人员表示诚挚的谢意!

由于作者水平所限,书中难免有疏漏之处,敬请各位读者批评指正!

著者

2019年3月于河南城建学院

目 录

第1章 绪 论

1.1 研究背景和意义

冰川是地球上由降雪和其他固态降水积累、演化形成的处于流动状态的冰体(秦大河,2014)。全球现代冰川(包括冰盖和冰川)总面积约占地球陆地面积的11%,冰川总储量占全球淡水资源量的4/5(施雅风,2005)。冰川变化对水资源、水循环、海平面升降、大气环流、气候与环境等有重要影响,与区域经济社会发展关系密切。因此,全球冰川变化研究已经成为当今科学研究的重要内容。

全球气候变暖对地球的影响越来越明显,这已经成为人类面临的最大环境问题之一。联合国政府间气候变化专门委员会(Intergovernmental Panel on Climate Change,IPCC)第五次评估报告指出,19世纪中叶以来的海平面上升速率比过去两千年的平均速率高。1901—2010年期间,全球平均海平面上升了0.19 m。21世纪全球海平面将持续上升,海平面上升速率很可能超过1971—2010年观测的速率。在代表性浓度路径情景(Representative Concentration Pathways,RCPs)预估中,冰川融化对海平面上升的贡献占21世纪全球平均海平面上升的15%~35%。与两极冰盖相比,发育在中低纬度的山地冰川规模较小,但对气候变化十分敏感,是气候变化的指示器。目前气候条件下,冰川消融速度较快,对全球海平面上升具有重要的影响。IPCC第五次评估报告指出,2005—2009年期间山地冰川的总体物质平衡为(−301±135) Gt/a,对海平面上升的贡献为(0.83±0.37) mm/a。近年来,全球的大多数山地冰川出现加速消融的趋势。因此,研究山地冰川变化对全球变暖的响应越来越重要。

以青藏高原为中心,处于亚洲中央的高山高原等山地称为高亚洲(谢自楚等,1988)。该区域冰川数量为46 298条,冰川面积为59 406 km^2,冰川储量为5 590 km^3,包含喜马拉雅、藏东南、念青唐古拉山、昆仑山、喀喇昆仑和天山等冰川区域,构成了全球中低纬度地区最大的现代冰川区(姚檀栋 等,2004)。它作为除极地冰盖以外全球第二大的冰川聚集地,孕育了黄河、长江、恒河、湄公河、印度河、怒江和伊洛瓦底江等亚洲七条重要河流,被称为"亚洲水塔",对区域内自然灾害、生态环境、经济社会发展至关重要(Song et al.,2015)。然而,由于该区域地形复杂、海拔较高、人迹罕至,只有少量的冰川具有实地观测资料(Yao et al.,2012),采用基于花杆的实地测量法和气象站的能量物质平衡法等传统冰川学技术手段难以开展大范围的冰川体积、物质平衡等冰川变化信息观测。GRACE(Gravity Recovery and Climate Experiment,重力恢复与气候试验)卫星测重、卫星测高和光学立体像对等空间大地测量技术,提供了一种大范围、非接触式的冰川监测手段(Gardner et al.,2013;Kääb et al.,2015;Matsuo et al.,2010;Jacob et al.,2012),但卫星重力结果分辨率较低(约300 km),卫星测高点分布离散度高,无法获取每条冰川的变化信息。光学立体像对能够获取每条冰川的变化信息(Brun et al.,2017;Gardelle et al.,2013;Zhou et al.,2017),但冰川区域常年多云、多雨且在冰川积累区易出现光饱和现象,无法监测整条冰川地形信息。

随着合成孔径雷达技术(Synthetic Aperture Radar,SAR)的发展,尤其以2010 年德国宇航局 TanDEM-X(TerraSAR-X add-on for Digital Elevation Measurement,用于数字高程测量的 TerraSAR-X 卫星)科学计划和 2000 年美国国家航空航天局 SRTM(Shuttle Radar Topography Mission,航天飞机雷达地形测图任务)航天计划为代表的双站 InSAR(Interferometric Synthetic Aperture radar,合成孔径雷达干涉测量)(Farr et al.,2007;González et al.,2012;Martone et al.,2012),不仅具有全天时、全天候的雷达成像能力,而且高分辨率的成像特点使其能够更加精确地研究高亚洲冰川表面高程变化及冰川物质平衡(Sun et al.,2017;Liu et al.,2016a,2016b;Neckel et al.,2013,2017;Li et al.,2017;Lin et al.,2017;Liu et al.,2017;Li et al.,2017;Dehecq et al.,2016)。高亚洲冰川主要受西风带和印度洋季风的影响,藏东南冰川位于高亚洲的东南部,根据冰川类型,该区域冰川为海洋型冰川,主要受印度洋季风的影响,冰川消融十分强烈,同时对气候的变化非常敏感;祁连山西部冰川位于高亚洲的北部,主要受西风带的影响,该区域冰川为极大陆型冰川,冰川消融相对较弱。因此,选择藏东南冰川和祁连山西部冰川为研究对象对研究高亚洲冰川变化具有重要意义。

(1) 藏东南冰川和祁连山西部冰川物质平衡的空间差异性探测。Yang 等(2013)利用藏东南 Parlung 4 号冰川和 Parlung 94 号冰川的花杆实测结果和气象观测站实地观测资料估算该区域的冰川物质平衡,但藏东南数千条冰川中仅有少量冰川布设了地面观测仪器,难以研究整体的藏东南冰川变化。一些学者利用 ICESat 卫星测高数据估算了藏东南的冰川物质平衡,但结果各不相同[$(-0.40\pm0.41)\sim(-1.34\pm0.29)$ m/yr](m/yr 是冰川厚度每年变化量的单位)。因此,

ICESat(Ice,Cloud,and Land Elevation Satellite,冰、云和陆地高度卫星)等卫星测高数据在高亚洲冰川物质平衡估算方面存在较大的不确定性。Gardelle 等(2013)和 Neckel 等(2017)分别利用 SPOT-5 卫星立体像对和 TanDEM-X 双站 InSAR 估算了藏东南部分区域冰川的物质平衡,无法了解藏东南冰川物质平衡的空间差异性。祁连山西部老虎沟 12 号冰川是祁连山最大的山谷冰川,花杆测量和气象站实地观测资料非常丰富(Zhang et al.,2012;陈记祖 等,2014),但冰川地形仍采用 20 世纪 80 年代航空摄影测量获取的 1∶500 000 地形图(Wang P Y et al.,2016)。本书提供的 10 m 分辨率的 TanDEM-X DEM 是该区域目前第一个高分辨、高精度的地形数据,为研究该区域的冰川物质平衡提供了重要的基础数据。另外,藏东南和祁连山西部分别是高亚洲海洋型冰川和极大陆型冰川的代表,对了解不同类型冰川变化具有一定意义。因此,选择藏东南冰川和祁连山西部冰川为研究对象,对探测藏东南和祁连山西部冰川物质平衡的空间差异性具有重要意义。

(2) 研究高亚洲冰川变化对不同气候的响应关系。藏东南主要受印度洋季风的影响,而祁连山西部主要受西风带的影响,藏东南和祁连山西部在不同气候条件下,呈现出不同的冰川变化情况。因此,本书的研究结果对研究高亚洲冰川变化对不同气候的响应关系也具有重要的意义。

1.2 国内外研究现状

1.2.1 双站 InSAR 研究现状

TanDEM-X 卫星成功发射以来,国内外对 TanDEM-X 双站 SAR 干涉测量研究越来越重视。

(1) TanDEM-X 双站 InSAR 算法研究现状。在永久散射体干涉测量(Persistent Scatter Interferometry,PSI)、多基线相位解缠、水体掩膜(Water Indication Mask)等算法方面取得了长足的发展。在 PSI 算法改进方面,针对永久散射点受叠掩几何失真影响等问题,Goel 等(2013)联合双站 SAR 数据和重复轨道 SAR 数据进行 PSI 数据处理,能够区分永久散射点中的一次散射和二次散射,提高了 PSI 结果的精度。在多基线相位解缠方面,TanDEM-X 科学计划的目标是获取全球高精度的 DEM(Digital Elevation Model,数字高程模型)结果,在 2011—2012 期间和 2012—2013 期间分别进行 200～450 m 的短基线和 450～600 m 的长基线数据获取,为了得到高精度 TanDEM-X DEM 结果,Lachaise 等(2013)进行多基线相位解缠算法的研究,解决了长基线数据的刈幅偏移等问题。

NASA)发射的天空实验室卫星(Skylab)作为第一颗测高卫星以来,国际上发射了 Seasat、ERS-1/2、Topex/Poseidon、ENVISat、Jason-1/2/3、ICESat、Cryosat-2 等多颗测高卫星(李建成 等,2006)。其中,ICESat 是美国宇航局 2003 年发射的新一代冰云陆地激光测高卫星,其搭载的激光测高系统(Geoscience Laser Altimeter System,GLAS)使其成为第一颗激光雷达测高卫星,与其他雷达测高卫星相比,高频率的激光脉冲在冰川表面穿透性几乎可以忽略,在探测和估算冰川物质平衡时可避开雷达穿透性问题(朱传东,2016;袁乐先,2016)。ICESat 测高数据在南极冰盖、格陵兰、高亚洲山地冰川等冰川物质平衡估算中已取得一些研究成果。对于中低纬度的高亚洲冰川区域,ICESat 数据的密集度和重复率相对较低;另外,ICESat 激光光斑直径为 70 m,而高亚洲冰川宽度在百米级别。因此,ICESat 测高数据在高亚洲区域冰川物质平衡估算方面还存在较大的差异。以高亚洲的藏东南区域为例,Gardner 等 (2013)利用 ICESat 测高数据估算的冰川物质平衡结果为(−0.40±0.41) m/yr,而 Neckel 等 (2014)估算的冰川物质平衡结果为(−0.81±0.32) m/yr,Kääb 等 (2015)同样利用 ICESat 数据估算的冰川物质平衡结果为(−1.34±0.29) m/yr。因此,ICESat 等卫星测高数据受离散程度高等固有缺陷因素影响,在高亚洲冰川物质平衡估算方面存在较大的不确定性。

1.2.2.2 光学立体像对

光学立体像对是利用摄影测量中对同一物体的前视、正视、后视具有一定程度重叠的拍摄,根据空中三角形几何关系,获取拍摄区域的数字高程模型(李德仁 等,1993,2001)。从 20 世纪 60 年代美国的侦察卫星 KH(keyhole)锁眼系列卫星,到 20 世纪 80 年代中国西部机载摄影测量计划,再到 2000 年后的 ASTER、SOPT 系列、国产资源 3 号,以及高分辨率 Quirckbird、IKONS、Geoeye-1/2 等光学立体像对数据,可用于冰川物质平衡的估算(Bolch et al., 2008;Berthier et al., 2010;Damodar et al., 2011;Tang et al., 2013)。Gardelle 等(2013)利用 SPOT-5 立体像对和 SRTM DEM 获取了帕米尔-喀喇昆仑-喜马拉雅 2000—2011 年冰川物质平衡结果,Brun 等(2017)利用 ASTER 立体像对 DEM 提取了高亚洲 2000—2016 年冰川物质平衡。在冰川物质平衡估算方面,光学立体像对同样具有可见光在冰雪上面无穿透性的特性,且光学遥感卫星具有发展成熟、分辨率高、卫星数量多等优势,是研究冰川物质平衡的一项重要技术手段。但大多数冰川海拔较高,云雨天气较多,可供光学遥感数据选择的时间窗口相对较少;另外,光学遥感在冰川上面易出现光饱和现象,尤其是在积累区的积雪表面。因此,虽然光学立体像对具有冰川表面无穿透性、分辨率高等优势,但在冰川物质平衡估算方面,仍存在一定的局限性。

1.2.2.3 三维激光扫描

三维激光扫描(Light Detection and Ranging,LiDAR)通过发射激光脉冲和接收激光脉冲,计算激光器与地面或物体表面的距离,从而获取地面或物体的数字高程模型(张祖勋 等,2003;程亮 等,2009)。三维激光扫描可通过机载或地基的方式对冰川进行扫描,从而获取冰川地形,估算冰川物质平衡(Quincey et al.,2014;Rees et al.,2007;Hopkinson et al.,2001;Lancaster,2012;Barrand,2009;Abermann,2009;Jóhannesson et al.,2013)。三维激光扫描具有受天气影响小、精度高等优势,不存在类似光学立体像对那样的光饱和现象,能够较为精确地提取冰川物质平衡。受费用或工作效率等因素影响,无论采用机载或地基方式,三维激光扫描都难以开展大规模冰川地形的获取工作。

1.2.2.4 卫星重力测量方法

从20世纪70年代初卫星重力概念的提出,到2000年德国地球科学研究中心和德国航空航天中心联合研制的第一颗重力卫星CHAMP(Challenging Minisatellite Payload)的发射,世界各国迈出了卫星重力学研究的重要一步(许厚泽,2001)。2002年,美国宇航局和德国航空航天中心联合发射了以"重力恢复与气候实验"为任务的卫星GRACE,它根据相距220 km的两颗相同卫星在经过不同地物时产生的不同的卫星之间距离,来计算地球表面重力场的变化,从而研究全球高精度时变重力场(许厚泽 等,2005)。GRACE卫星重力测量技术在高亚洲物质平衡方面已取得一定的研究成果(Xiang et al.,2016)。虽然重力卫星GRACE能够获取大尺度、大范围冰川的物质平衡结果,但受卫星重力分辨率低等固有缺陷影响,无法获取每条冰川的变化信息。

1.2.2.5 双站InSAR

双站InSAR是全球大范围地形测绘中最有效的对地观测技术之一,它具备全天时、全天候的对地观测能力,且具有分辨率高、受云雨天气影响小、面状、成像区域大等优势(Farr et al.,2007)。2000年,美国航天飞机雷达地形测图计划(SRTM)展示了双站InSAR在地形测绘方面的卓越性能。另外,随着星载SAR串飞数据获取能力和多基线InSAR分析方法的发展,重复轨道InSAR在地形测绘方面也在日益完善。在利用重复轨道InSAR提取大区域、高精度冰川DEM方面,蒋厚军等(2011)采用高分辨率COSMO-SkyMed串飞数据对祁连山12号冰川地形进行了提取。但是,由于冰川区域雷达回波信号弱、冰雪表面变化快以及受冰川移动等时间去相干的影响,重复轨道InSAR难以获取高分辨率和高精度的冰川地形数据。

为了延续X-SAR/SRTM计划,德国航空航天中心和阿斯特里厄姆公司共同实施了TanDEM-X科学计划,其首要目标是获取全球范围HRTI 3标准DEM。

TanDEM-X 双站 SAR 是由 TerraSAR-X 卫星和 TanDEM-X 卫星组成，构成了双站 SAR(Bi-Static)干涉测量系统，并首次实现星载双站 SAR 干涉测量(González et al.,2012;Martone et al.,2012)。由于双站观测模式能够有效消除大气扰动和时间去相干的影响，该技术在全球尺度的高分辨率、高精度 DEM 测绘领域有着巨大的优势和广阔的应用前景(Gruber et al.,2012;Rizzoli et al.,2012)。

双站 InSAR 在喜马拉雅山脉、喀喇昆仑山脉、天山山脉、阿尔卑斯山脉、南极冰盖等区域已取得大量冰川物质平衡结果，这表明双站 InSAR 在估算山地冰川物质平衡方面是一种有效的技术手段。

1.3 主要研究内容

全书包含六章内容，各章的主要内容如下：

第 1 章阐述了本书的研究背景，详细介绍了双站 InSAR 的研究现状和采用大地测量学等方法估算冰川物质平衡的研究进展。

第 2 章概括性地阐述了双站 SAR 干涉测量的相关内容，重点包括 TanDEM-X 双站 SAR 卫星简介、双站 SAR 基础知识、双站 SAR 干涉测量基本原理，为后续开展相关研究奠定了基础。

第 3 章主要阐述了山地冰川物质平衡估算及误差来源评估方法。针对 TanDEM-X 双站 InSAR 干涉条纹过密而影响相位解缠效率以及常规滤波方法降噪能力较弱的问题，提出了一种 TanDEM-X 双站 InSAR 冰川表面高程变化生成算法，即对 TDX/TSX 干涉相位与 SRTM DEM 模拟相位进行差分处理，引入非局部均值差分相位滤波方法，从而抑制了差分相位的噪声水平并提高了地形信息的细节保持能力，获取了更为可靠的冰川表面高程变化结果。在此基础上，通过对冰川表面高程变化结果的季节性改正、雷达穿透性改正以及各项改正引入的误差源分析，完善了山地冰川物质平衡估算方法。

第 4 章主要展示了祁连山大陆型冰川表面高程变化及冰川物质平衡估算结果。采用第 3 章的方法并根据双站 InSAR 数据生成了祁连山西部山地冰川的第一个高分辨率、高精度 DEM 地形结果，并利用 ICESat 测高数据对常规滤波方法和 NL 滤波方法的 TDX DEM 结果进行了精度评估。另外，采用差分 DEM 和差分相位两种方法估算了 2000—2013 年的冰川表面高程变化结果，并对结果进行了不确定性评估。在此基础上，估算了祁连山西部整体山地冰川的表面高程变化结果和冰川物质平衡结果。

第 5 章主要研究了藏东南海洋型冰川物质平衡空间差异性及其对气候变化的响应。采用山地冰川物质平衡估算方法和 12 景 TanDEM-X 双站 InSAR 数据获取了藏东南2000—2014年的冰川表面高程变化结果，并对该结果进行了季节性改正、雷达穿透性改正以及相应的不确定性评估。采用5级流域数据划分得到藏东南冰川的17个子流域，重点分析了该区域冰川物质平衡的空间差异性。在此基础上，利用温度和降水等气候数据对冰川对气候变化的响应关系进行了研究。

第6章为结论和展望。首先对全书研究内容进行了全面总结，然后对未来研究工作的开展进行了展望。

第 2 章　双站 SAR 干涉测量

2.1　TanDEM-X 双站 SAR 卫星

2010 年 6 月 21 日，德国航空航天中心成功发射的 TanDEM-X(TDX)卫星，与之前发射的 TerraSAR-X(TSX)卫星采用双星星座模式运行，开创了真正意义的星载双站 SAR 干涉测量。

2.1.1　卫星简介

与其他卫星运行方式相比，TanDEM-X 双站 SAR 卫星采用近距离螺旋结构运行，消除了时间和大气等去相干源，TDX/TSX 卫星飞行效果见图 2-1。与 2000 年 NASA 获取的 SRTM 相比，TanDEM-X DEM 覆盖范围由全球的南北纬 60°扩展到全球，包括南北极的全部地区，且分辨率和高程精度分别提高到 12 m和 2 m (Rizzoli et al.,2012)，根据用户需求，甚至可以分别达到 6 m 和 0.8 m。TanDEM-X DEM 替代 SRTM，成为新一代全球 DEM 基础数据。此外，TanDEM-X 双站 SAR 科学计划探索了新的 SAR 技术，如双站 SAR 成像、极化 InSAR、数字光束成形和超高分辨率图像等(Krieger et al.,2007)。

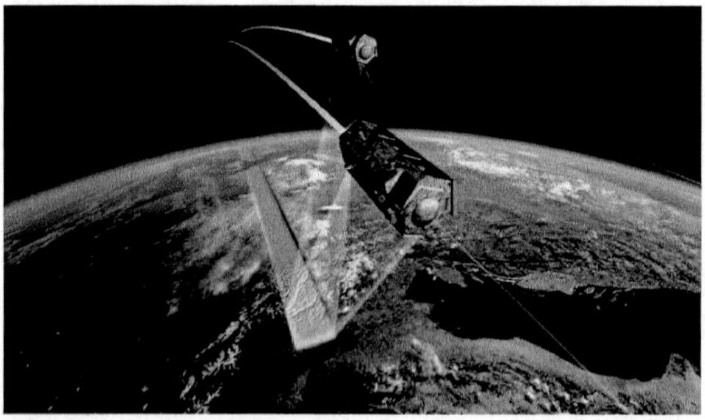

图 2-1　TDX/TSX 卫星飞行效果图(Hajnsek et al.,2010)

TDX 卫星的系统参数和成像模式与 TSX 卫星的基本一致，但 TDX 卫星安装了协调星座间运行的冷气推进系统以及接收 TSX 卫星 GPS 位置信息和状态信息的天线装置。两颗卫星的基本参数见表 2-1。

表 2-1 TDX/TSX 卫星基本参数

卫星参数项	TDX/TSX 卫星基本参数
合作模式	双站模式、双站交替、单站追踪
成像模式	条带、聚焦、宽幅、高分辨率聚焦、单星双接收天线顺轨干涉和孔径切换
编队几何结构	长短基线交叉轨干涉、长短基线顺轨干涉
分辨率/m	1－3－16
轨道倾角/(°)	97.4
轨道类型	太阳同步轨道
波段	X 波段
天线长宽/m	4.7×0.7
消耗功率/W	730
系统噪声/dB	5
发射时间	2010-06-21/2007-06-15
最短时间基/s	0
极化	单极化、双极化、全极化
基线精度/mm	1
重访周期/d	11
轨道高度/km	514
轨道精度/cm	10
波长/cm	3.1
天线视向	左右侧视
信号带/MHz	300
脉冲重复频率/kHz	3.0～6.5

TanDEM-X 双站 SAR 科学计划的首要目标是获取一个全球的、连续的和高分辨的 DEM。TDX 卫星设计寿命为 5 年，与 TSX 卫星至少有 3 年的编队飞

行时间。在 3 年重叠期内，卫星首先进行 6 个月的试运行，之后 2 年内会调整空间基线范围，获取全球 DEM 数据，重叠期的最后半年会获取地形复杂区域的 DEM 数据。在重叠期之后，TDX 卫星专注于获取大基线试验数据。

由表 2-2 的 TDX 卫星任务表可知：TDX 卫星第一年的垂直基线范围为 200～450 m，第二年的垂直基线扩大到第一年的 1.3 倍左右(250～600 m)；之后半年内，TDX 卫星调整垂直基线范围为 500～3 000 m，以减小阴影、叠掩和透视收缩引起的误差，来获取复杂地形的 DEM。3 年后，TSX 卫星如果仍能与 TDX 卫星保持编队飞行，TDX 卫星继续进行各种基线的数据获取试验。德国航空航天中心为使其保持长期编队飞行，在 TSX 卫星停止运行后，将会发射 TerraSAR-X2 卫星继续维持其编队飞行状态。

表 2-2　TDX 卫星任务时间表

时间	交叉轨分量	顺轨分量
2010 年 6 月—2011 年 1 月	试运行阶段	
2011 年 1 月—2012 年 1 月	200～450 m 短基线获取全球 DEM	0～1 000 m，在预定纬度可以小于 250 m
2012 年 1 月—2013 年 1 月	450～600 m 长基线获取全球 DEM	0～1 000 m，在预定纬度可以小于 250 m
2013 年 1 月—2013 年 6 月	500～3 000 m 获取复杂地形 DEM	任意
2013 年 6 月之后	可以定制长基线数据	

2.1.2　轨道结构

TDX 卫星和 TSX 卫星在非常接近的轨道面上协同运行，它们通过调整编队飞行结构的节点线角度、近地点角度、轨道扁率和双星相位，结合在不同升降轨节点偏离轨道平面的位移和在不同扁率矢量垂直方向放射状的偏离，形成了一种沿轨道螺旋状的卫星之间的相对飞行(廖明生 等，2007)，即螺旋(Helix)运行方式，如图 2-2(a)所示。这种运行方式的轨道结构不存在相交情况，保证了两颗卫星安全运行。两颗卫星空间基线的顺轨方向分量小于 1 km，甚至在预定纬度上可以小于 250 m，交叉轨方向分量在 200～600 m 之间，可以满足不同应用的需求。双星编队 Helix 运行方式可保持稳定的高程模糊度，使南北半球能在同一纬度上以相同的有效基线进行观测，如图 2-2(b)所示(蒋厚军，2012)。

2.1.3　应用领域

2.1.3.1　交叉轨干涉 SAR

交叉轨干涉 SAR 技术主要用来生成高精度 DEM，对 2 个 SAR 天线获取的

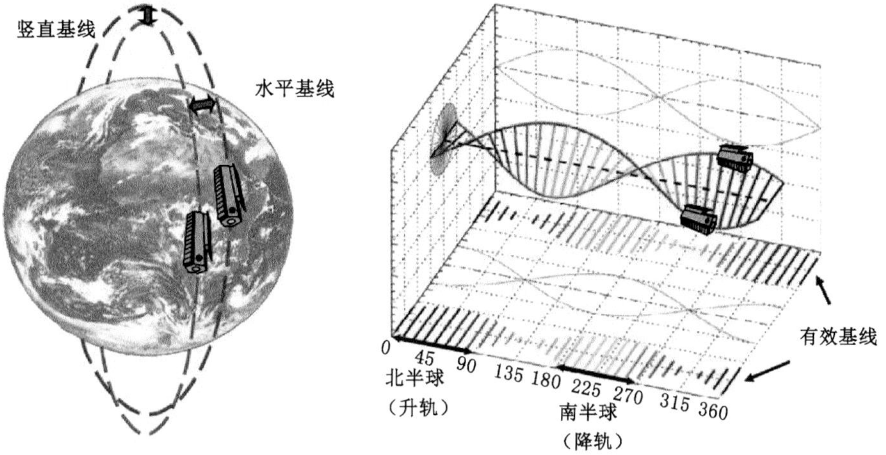

（a）双星编队Helix运行方式　　（b）有效基线与轨道位置的关系

图 2-2　TDX/TSX 双星编队飞行示意图

影像进行相位差值，对相位到高程进行转换生成 DEM 数据。精确的 DEM 或 DEM 副产品广泛应用于全球地形测绘、冰川学、水文学、海洋学、地质学、城区制图等领域。

（1）全球地形测绘

目前，获取局部地区高分辨率和高精度的 DEM 相对容易，但获取一个全球的、高分辨率、高精度和统一数据格式及投影的 DEM 比较困难（Pirotti ct al.，2013）。2000 年，NASA 获取的 SRTM DEM 覆盖了全球的南北纬 60°范围，但存在年数久远、分辨率低、精度低、未能覆盖全球和数据空洞等问题。TanDEM-X 科学计划作为 SRTM 航天计划的延续，其主要目的仍是全球地形测绘，生成精度满足 HRTI-3（High Resolution Terrain Information-3）标准的全球覆盖、12 m 高分辨率 DEM，用于科学研究和商业用途（Rossi et al.，2013）。

（2）冰川学

冰川物质平衡、冰川气候相互影响和冰川盆地径流的监测及建模，都需要精确的 DEM，且多期 DEM 可以进行时序物质平衡探测和冰川退缩监测。而 TDX 卫星的脉冲信号为低穿透性的 X 波段，可以提供冰川物质平衡变化和冰川退缩引起海平面上升方面的精确数据。DEM 还可以作为一个重要输入参数，用于极地冰川变化模拟。尽管 CryoSAT-2 卫星能提供冰川地形数据，但其分辨率较低，而 TDX 卫星可提供高分辨的 DEM。

（3）水文学

高分辨率的 DEM 可用于区域洪水淹没风险评估和与水文有关的地貌特征（如水系网、集水区和地表湿润系数等）提取。TDX 卫星提供的高分辨率的 DEM 缩小了现有水文模型的差距，开辟了遥感在水文学方面新的应用领域。

（4）海洋学

目前，只有 ERS SAR 卫星和 ENVISAT ASAR 卫星星载单天线 SAR 能够进行洋流波形测量（Chaturvedi et al.，2013）。而 TDX 卫星干涉数据有望克服传统测量方法的缺陷，提高海洋波谱的估计精度。另外，SAR 图像显示的精细洋流信息开辟了新的应用领域，例如洋流-波形相互作用参数。TDX 卫星还可以提供海洋学中两个重要的参数，即二维海洋波谱和风场。且根据 TDX 卫星的 SAR 数据能够计算出二维海洋波谱的波高、波传播方向、波长参数以及高分辨率风场。

（5）地质学

高精度的 DEM 是地质科学应用的基础数据。地面沉降、火山、地震和海啸等地质灾害研究都需要最新且精确的 DEM，用来计算灾害前后的变化信息。

（6）城区制图

城市土地利用、城市规划、城市环境和城市安全等领域都需要精确的 DSM。TDX 卫星将提供高分辨率且适合提取城市地区 DSM 的干涉对数据，解决了阴影、叠掩和多路径效应导致 SAR 图像及干涉相位解译困难等问题。

2.1.3.2 顺轨干涉 SAR

顺轨干涉 SAR 技术用于计算两幅同一地区不同时刻 SAR 图像的相位差，探测移动目标并估计其速度。与交叉轨干涉 SAR 相比，顺轨干涉 SAR 的两个 SAR 数据在获取时间方面存在短时间的差异。这种差异可以通过调整两颗卫星在顺轨方向的距离实现，也可采用单颗卫星的双天线接收设备实现。两颗卫星之间的距离可以在 0～1 000 m 范围内调整，以实现不同速率的动态目标探测和估算。顺轨干涉 SAR 可应用于监测洋流和河流、冰川流速和交通流量等领域。

（1）洋流和河流

海岸带洋流地图绘制、深海变化监测、潮汐发电机位置确定和不能现场实施的河流测量等都需要高分辨的流场数据（Romeiser et al.，2010），而顺轨干涉测量技术能够提供这类数据，且该技术已经非常成熟。SRTM 航天计划已成功获取顺轨干涉测量数据，而 TDX 卫星的顺轨干涉测量技术的优势在于能够提供更高质量的数据，并可根据用户需求提供试验区的时序数据。

（2）冰川流速

除冰川地形和接地线位置外，冰川流速也是计算冰川物质平衡的重要参数

(Rignot et al.,2011)。TDX 卫星的顺轨干涉 SAR 技术能够提供合适的时间基线和空间基线,有效监测各种冰川的流速变化,可作为监测冰川流速的最佳手段之一。

(3) 交通流量

在交通领域中,交通流量监测需要探测移动目标并估算其速度等参数(Budillon et al.,2013)。TanDEM-X 双站 SAR 科学计划的两颗卫星上的双天线接收设备,在没有外部参考数据的情况下,能够精确测量动态目标的前后偏移量、速度和加速度等参数。

2.1.4　双站 SAR 新技术

TanDEM-X 双站 SAR 新技术主要包括双站 SAR 成像、极化 InSAR、超高分辨率、数字波束成形、SAR 干涉处理技术。

(1) 双站 SAR 成像

双站 SAR 成像技术融合主图像和辅图像为多角度观测图像,基于雷达信号特征的双站雷达散射面对目标进行探测和识别,通过比较双站 SAR 图像的后向散射系数进行图像分割和图像分类。双站 SAR 成像可应用于海洋状态参数反演、地表粗糙度估算和地形坡度计算,以及林业、立体航空摄影测量、气象学和大气学等领域。

(2) 极化 InSAR

极化 InSAR 采用多种极化数据减小干涉相位变化,可以获取高质量干涉图和高分辨率 DEM;可结合星载或机载 L 波段极化 SAR 数据,反演出森林树高和树冠层等农林参数,生成数字表面模型。

(3) 超高分辨率

两颗卫星接收同一地面点的回波信号,通过合成这两种具有不同角度的信号生成超高分辨率 SAR 图像。

(4) 数字波束成形

数字波束成形通过结合一些无方向的小天线模拟成一个大的且带方向的天线。数字波束成形能够获取一个高分辨率宽刈幅图像,且能解决交替双星模式的时间冲突问题。

(5) SAR 干涉处理技术

TDX 卫星可以获取宽幅 SAR、聚焦干涉、双基线双站交替干涉和分离带宽干涉 SAR 等各种 SAR 数据,能够扩大 DEM 的覆盖区域及提高其分辨率。此外,TDX 卫星能够进行多基线数据处理,提高 DEM 精度,获取高阶差分相位和双差分 InSAR 相干值。

2.2 双站 SAR

2.2.1 SAR 基础知识

2.2.1.1 基本概念

SAR 是一种侧视成像的主动式微波遥感系统，它利用雷达传感器向地面发射微波后接受其散射波，具有全天时、全天候成像能力。SAR 最早起源于军事非成像雷达，仅用于探测目标的距离和方位，不具备成像的能力。真实孔径雷达(Real Aperture Radar，RAR)的出现，使雷达系统具备了成像的能力，即雷达沿平台飞行方向(称为方位向)飞行，并向方位向的垂直方向(称为距离向)发射电磁波，地面目标的散射波按时间顺序被雷达接收并记录下来，根据不同地物目标的散射特性，生成地物影像。

RAR 距离向分辨率 R_{range} 主要与脉冲宽度 τ 有关，即：

$$R_{range} = c \cdot \tau / 2 \tag{2-1}$$

式中，c 为光速；τ 为脉冲宽度。

RAR 的方位向分辨率 $R_{azimuth}$ 受雷达孔径大小 D 的限制，即：

$$R_{azimuth} = R\lambda / D \tag{2-2}$$

式中，R 为雷达传感器到目标的空间距离；λ 为雷达波长；D 为雷达孔径。

对于某种传感器而言，空间距离 R 和雷达波长 λ 不变，RAR 的方位向分辨率 $R_{azimuth}$ 与雷达孔径大小 D 呈反比例关系，仅依靠扩大雷达孔径来提高方位向分辨率是不现实的，若星载雷达方位向分辨率达到 10～20 m，其雷达传感器孔径长度需达到几百米，对于星载载荷而言，是不可能实现的。

方位向合成孔径技术和距离向线性调频脉冲压缩技术的发展，大幅提高了雷达方位向分辨率和距离向分辨率。尤其是方位向的合成孔径技术，雷达通过飞行平台持续照射某一地物来实现合成孔径，即雷达的持续移动可以使其收集到地物各个方向的后向散射信号，这样可以将小孔径的雷达传感器虚拟为一个大孔径的雷达传感器，从而实现类似大孔径雷达传感器的照射效果。经过合成孔径技术的一系列处理，SAR 的方位向分辨率 $R'_{azimuth}$ 可表示为：

$$R'_{azimuth} = D / 2 \tag{2-3}$$

SAR 的方位向分辨率 $R'_{azimuth}$ 与雷达孔径大小 D 呈正比例关系，因此不必像 RAR 那样，为了提高方位向分辨率而增加雷达传感器孔径的大小，使得小孔径雷达也可获得较好的方位向分辨率。但并不是雷达孔径越小，其对应的方位向分辨率越高，雷达方位向分辨率仍受雷达发射功率等因素限制。

在距离向分辨率方面，SAR 通过脉冲压缩技术将发射的雷达脉冲调制成为线性调频信号，采用匹配滤波器将脉冲宽度等效地压缩，压缩后的距离向分辨率 R'_{range} 为：

$$R'_{\text{range}} = \frac{c}{2B_{\text{r}}} \tag{2-4}$$

SAR 的距离向分辨率 R'_{range} 不再与 τ 相关，而取决于信号带宽 B_{r}。SAR 通过脉冲压缩技术使雷达的距离分辨率得到了提高。

2.2.1.2　雷达穿透性

遥感常用的电磁波主要为紫外、红外、可见光和微波波段，其波长范围为 10^{-7}～1 m。雷达属于微波波段，其波长范围为 0.001～1 m，在该波长范围的电磁波具有一定的穿透性，其穿透性包含两个方面：大气层的穿透和地表地物的穿透。

(1) 大气层的穿透方面

除了暴雨等极端天气外，微波波段的大气衰减可忽略不计，因此雷达具有“穿云透雾”能力，在同样云雾天气情况下，其成像性能远远优于光学遥感。

(2) 地表地物的穿透方面

雷达对一些地表地物具有穿透能力，例如冰雪、干沙等。雷达的穿透深度大小与地物含水量、波长等有关。地物含水量越大，穿透深度越小；雷达波长越长，穿透深度越大。雷达对地物的穿透有有利的一面，如郭华东等(2000)利用 L 波段数据发现了干沙覆盖的明代古长城等，也有不利的一面，雷达对冰雪的穿透性给利用大地测量方法估算冰川物质平衡带来较大的不确定性。冰川表面冰雪覆盖程度不一，雪深也不同，因此在采用大地测量方法估算冰川物质平衡时，必须考虑雷达穿透性的影响。

2.2.1.3　SAR 侧视成像的几何特征

与光学遥感正摄影像不同，雷达采用侧视成像方式照射地面，因而 SAR 具有一些特殊的几何特征，例如入射角、透视收缩、顶底倒置和阴影等。

雷达波束与大地水准面垂线的夹角称为入射角 θ，与地形表面法线的夹角称为局部入射角 θ_{Local}，见图 2-3(a)。

透视收缩即 SAR 成像的斜距距离小于地面实际距离，斜面的长度被缩短，见图 2-3(b)。在高亚洲的山地冰川中，透视收缩现象十分常见，是影响地形提取精度的因素之一。

顶底倒置是透视收缩的极端情况，即随着地形坡度进一步增大，山顶的区域优先于山底的区域在 SAR 影像上成像，见图 2-3(c)。

阴影即地形起伏较大时，雷达照射面的背面不能被雷达电磁波照射到，传感器接收不到该区域地物反射信号，在影像中亮度很低，见图 2-3(d)。TanDEM-X 双站 SAR 数据入射角多在 45°左右，因此阴影这种雷达几何特征现象在本试验中并不多见，几乎不影响 TDX DEM 精度。

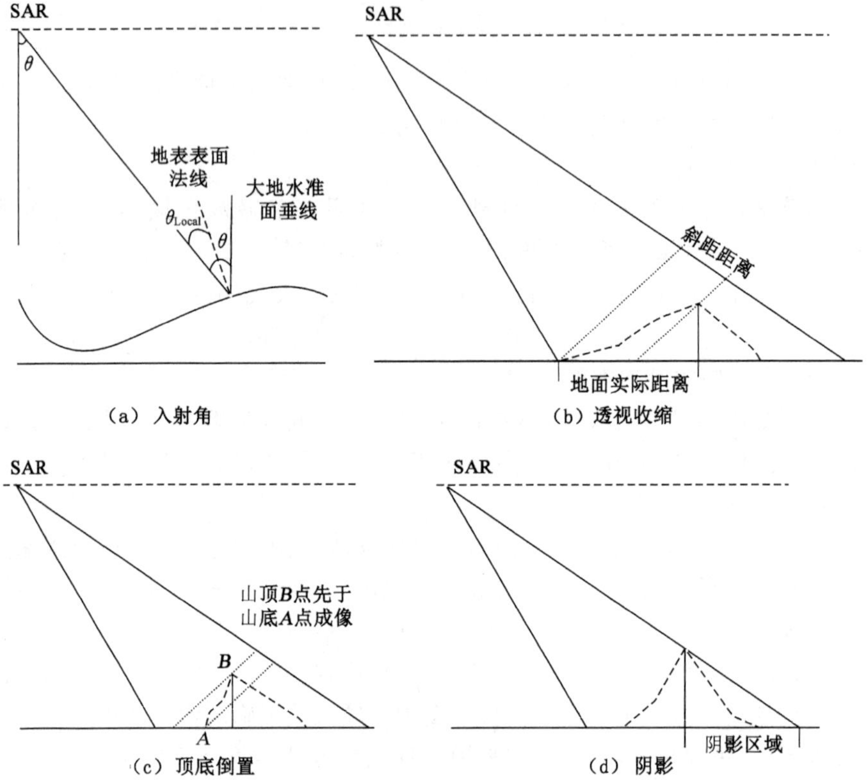

图 2-3 SAR 成像几何特征

2.2.2 双站 SAR 数据获取模式

TDX/TSX 卫星编队采用以下 3 种协作模式获取干涉数据，即双站模式、单站追踪模式和双站交替模式，并且这 3 种模式与聚焦、条带和宽幅 SAR 成像模式自由组合。其中，双站条带模式是 TanDEM-X 科学计划中生成 DEM 的最常用模式，而其他数据获取模式只用于系统标定和验证。

(1) 双站模式

如图 2-4(a)所示，在该模式条件下，任何一颗卫星都可以作为雷达脉冲发射卫星，两颗卫星同时接收回波信号，消除了时间去相干源和大气去相干源，但必须保证两颗卫星间脉冲重复频率(Pulse Repetition Frequency，PRF)同步。双站模式是 TanDEM-X 科学计划中获取 DEM 的标准模式。

(2) 单站追踪模式

单站追踪模式不需要保持两颗卫星同步，两颗卫星可以单独运行，如图 2-4(b)所示。为避免两颗卫星雷达信号的干扰，两颗卫星空间基线在顺轨方向分量必须大于 10 km，除了在植被、中高风速水面等地区外，大部分地物都能保证较高的相干性。该模式与传统重复轨道干涉模式相似，但在时间去相干方面远远优于重复轨道干涉模式。

(3) 双站交替模式

双站交替模式要求 TDX 卫星和 TSX 卫星轮流发射雷达脉冲，两颗卫星同时接收回波信号，如图 2-4(c)所示。两颗卫星轮流发射完一次脉冲称为一次交替，每次发射脉冲的卫星获得的图像称为主图像，相应另一颗卫星获得的图像称为辅图像。双站交替模式一次交替获取两景主图像和两景辅图像，同一颗卫星的主图像和辅图像用来测定振荡器引起的相位误差，并对双站 SAR 干涉测量进行精确相位校正。相位校正后，两幅辅图像可以合为一个双倍 PRF 的辅图像。同时，一次交替生成两幅具有不同高程模糊度的干涉图。

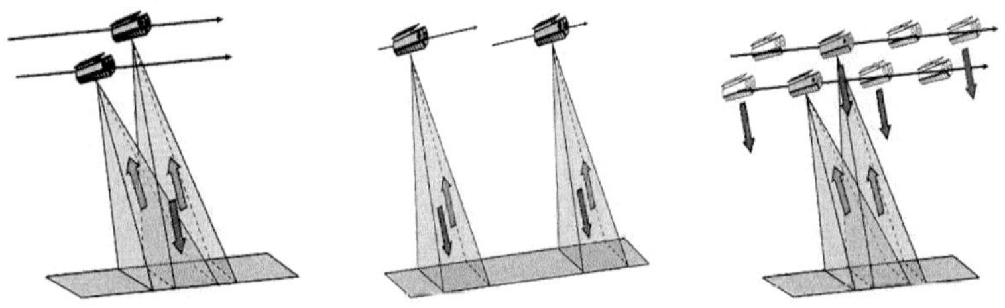

(a) 双站模式　　(b) 单站追踪模式　　(c) 双站交替模式

图 2-4　三种数据获取模式

① 一颗卫星的主图像与相应另一颗卫星的辅图像生成一幅干涉图，干涉图的高程模糊度 h_{amb} 为：

$$h_{amb} = (\lambda r \sin \theta_i)/B_{\perp} \tag{2-5}$$

式中，λ 为脉冲波长；r 为斜距；θ_i 为入射角；$B_{\perp}$ 为视线向垂直基线。

同样地，另一对主图像和辅图像也生成一幅干涉图，可以通过合并两幅干涉图来提高相位校正精度。

② 两幅主图像也可以生成一幅干涉图，且相位模糊度为上述干涉图的两倍。该干涉图的高程模糊度为：

$$h_{amb} = (\lambda r \sin \theta_i)/2B_{\perp} \tag{2-6}$$

双站交替模式采用交替发射脉冲方式来获取两种不同高程模糊度的干涉

图。这两种干涉图既能够提高干涉相位解缠质量和效率,又能够区分一次散射和二次散射。

2.2.3 双站 SAR 影像配准

在双站 SAR 干涉对成像过程中,由于主、辅图像的视角不同,两幅图像在方位向存在回波信号多普勒中心频率偏移,即方位谱不匹配,须进行方位向粗配准。由于基线距离的影响,两幅图像在距离向存在非公共距离频率偏移,即距离频谱不匹配。为了获得具有较高信噪比的干涉相位,必须使两幅复图像中同一位置的像素对应地面上的同一回波点,即影像配准。在影像配准过程中,主要确定两幅复图像之间匹配位置的相对偏移量,依据输入影像和相对偏移量对参考影像进行重采样,完成两幅复图像之间的配准。当两幅图像的偏移量超过一个像素时,两幅图像之间几乎不存在相关性,因此,双站 SAR 影像配准一般要求不低于 1/10 像素。目前,双站 SAR 影像配准的算法有相干系数法、最大干涉频谱法、相位差影像平均波动函数法、最小二乘多级匹配法等。

双站 SAR 影像配准主要分为两部分。首先,根据双站 SAR 数据在方位向零多普勒时间(Zero Doppler Time,ZDT)的差值,对两幅图像方位向进行粗配准,见图 2-5。其次,采用两幅图像偏移局部估计方法进行精配准:① 几何配准,根据两颗卫星的精确轨道信息和外部 DEM 计算两幅图像方位向和距离向偏移。② 互相关配准,在高相关区域,计算两幅图像的相干互相关值,而在低相关区域,计算其非相干互相关值,如果非相干互相关值太差,配准偏移值则采用几何配准的结果。

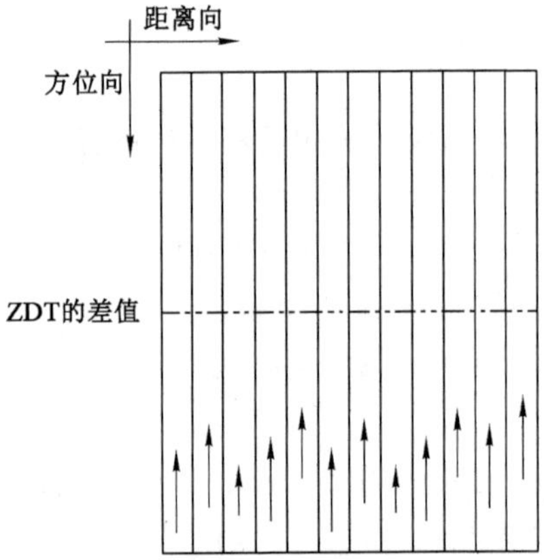

图 2-5 双站 SAR 方位向粗配准

2.3　双站 SAR 干涉测量基本原理

2.3.1　InSAR 基本原理概述

SAR 干涉测量是通过搭载在运动平台的两幅天线(双站模式或重复轨道模式)观测,获得同一区域的两幅观测数据,见图 2-6。

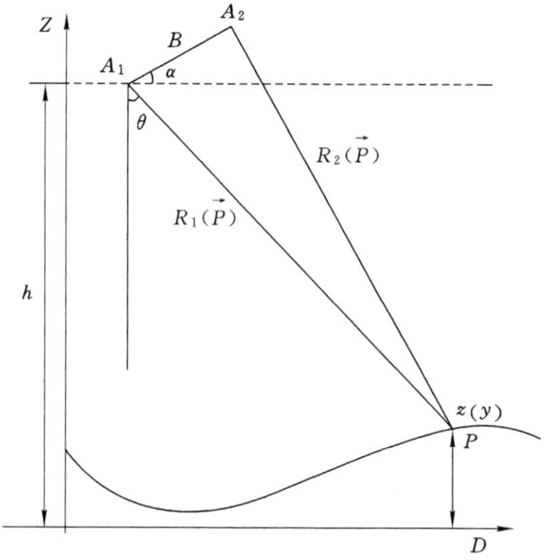

图 2-6　InSAR 几何示意图

天线 A_1 和 A_2 发射雷达脉冲,信号的复数形式为:

$$s(t)=u(t)\exp(-j\omega_0 t) \tag{2-7}$$

式中,t 为时间;j 为复常数,$\sqrt{-1}$;ω_0 为 $2\pi f_0$。

天线 A_1 和 A_2 接收地面 P 点信号分别为 $S_1(\vec{P})$和 $S_2(\vec{P})$,即:

$$S_1(\vec{P}) \propto u_1(t-\tau_1)\exp(-j\omega_0(t-\tau_1))+n_1(t) \tag{2-8}$$

$$S_2(\vec{P}) \propto u_2(t-\tau_2)\exp(-j\omega_0(t-\tau_2))+n_2(t) \tag{2-9}$$

式中,τ_1 和 τ_2 分别为天线 A_1 和 A_2 脉冲收发延迟时间;$n_1(t)$和 $n_2(t)$为噪声。

(1) 若天线 A_1 和 A_2 为重复轨道模式,见图 2-7,则:

$$\tau_1=2R_1(\vec{P})/c \tag{2-10}$$

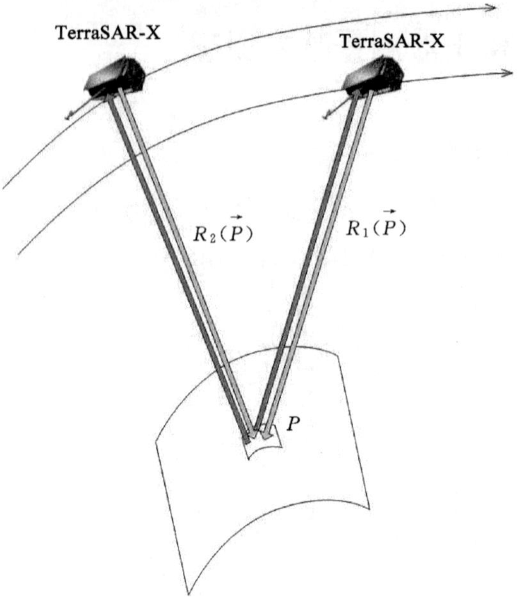

图 2-7 重复轨道模式

$$\tau_2 = 2R_2(\vec{P})/c \tag{2-11}$$

式中，$R_1(\vec{P})$和 $R_2(\vec{P})$分别为天线 A_1 和 A_2 到地面 P 点的距离；c 为光速。

根据相位与距离之间的关系，两幅天线接收到的相位 φ_1 和 φ_2 分别为：

$$\varphi_1 = \frac{2\pi}{\lambda}[2 \cdot R_1(\vec{P})] = \frac{4\pi}{\lambda}R_1(\vec{P}) \tag{2-12}$$

$$\varphi_2 = \frac{2\pi}{\lambda}[2 \cdot R_2(\vec{P})] = \frac{4\pi}{\lambda}R_2(\vec{P}) \tag{2-13}$$

式中，λ 为雷达波长。

$S_1(\vec{P})$和 $S_2(\vec{P})$共轭相乘，获取 P 点的相位差，即：

$$u_{\text{int}} = S_1(\vec{P})S_2^*(\vec{P}) = |S_1S_2^*|\exp i(\varphi_1 - \varphi_2) = |S_1S_2^*|\exp\left(-i\frac{4\pi}{\lambda}\Delta R\right) \tag{2-14}$$

式中，ΔR 为天线 A_2 和 A_1 到地面 P 点的距离之差，即 $\Delta R = R_2(\vec{P}) - R_1(\vec{P})$。

两幅天线所接收到的信号相位差为：

$$\varphi = \varphi_1 - \varphi_2 = -\frac{4\pi}{\lambda}\Delta R \tag{2-15}$$

(2) 若天线 A_1 和 A_2 为双站模式，见图 2-8，则：

$$\tau_1 = [R_1(\vec{P}) + R_1(\vec{P})]/c \tag{2-16}$$

$$\tau_2 = [R_1(\vec{P}) + R_2(\vec{P})]/c \tag{2-17}$$

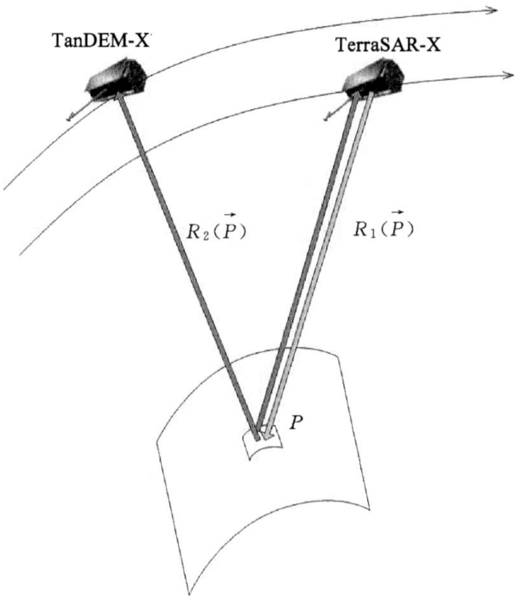

图 2-8　双站模式

同理，根据相位与距离之间的关系，两幅天线接收到的相位 φ_1 和 φ_2 分别为：

$$\varphi_1 = \frac{2\pi}{\lambda}[R_1(\vec{P}) + R_1(\vec{P})] \tag{2-18}$$

$$\varphi_2 = \frac{2\pi}{\lambda}[R_1(\vec{P}) + R_2(\vec{P})] \tag{2-19}$$

$S_1(\vec{P})$ 和 $S_2(\vec{P})$ 共轭相乘，获取 P 点的相位差，即：

$$u_{\text{int}} = S_1(\vec{P})S_2^*(\vec{P}) = |S_1S_2^*|\exp i(\varphi_1 - \varphi_2) = |S_1S_2^*|\exp\left(-i\frac{2\pi}{\lambda}\Delta R\right) \tag{2-20}$$

式中，ΔR 为天线 A_2 和 A_1 到地面 P 点的距离之差，$\Delta R = R_2(\vec{P}) - R_1(\vec{P})$。

两幅天线所接收到的信号相位差为：

$$\varphi = \varphi_1 - \varphi_2 = -\frac{2\pi}{\lambda}\Delta R \tag{2-21}$$

InSAR 的几何原理在很多经典文献中有详尽的描述，本书采用双站模式的 TanDEM-X 双站 SAR 数据，后续的公式推导均基于双站模式。

P 点的相位差 φ 可通过 P 点主、辅图像的像素值计算得出(廖明生 等，2003)，即：

$$\varphi_w = W\{\varphi\} = \arctan\left[\frac{\mathrm{Im}(\mu_{\mathrm{int}})}{\mathrm{Re}(\mu_{\mathrm{int}})}\right] \tag{2-22}$$

式(2-22)计算的相位差值 φ_w 只在区间 $[0, 2\pi]$，要获取两幅天线之间的真实相位差 φ，必须进行相位解缠。

根据 InSAR 成像几何关系，可得：

$$z(y) = h - R_1(\vec{P})\cos\theta \tag{2-23}$$

式中，$z(y)$ 为 P 点的地面高程；h 为星下点到天线的高程；θ 为视角。

在 $\Delta A_1 A_2 P$ 中，根据余弦定理有：

$$\sin(\theta - \alpha) = \frac{R_1(\vec{P})^2 + B^2 - [R_1(\vec{P}) + \Delta R]^2}{2R_1(\vec{P})B} \tag{2-24}$$

式中，α 为基线倾角；B 为两天线之间的距离，即空间基线。

将式(2-24)展开并忽略 ΔR^2 项，可得：

$$\Delta R \approx \frac{B^2}{2R_1(\vec{P})} - B\sin(\theta - \alpha) \tag{2-25}$$

由于在星载系统中，$B \ll R_1(\vec{P})$，可忽略掉 $\frac{B^2}{2R_1(\vec{P})}$，即：

$$\Delta R \approx -B\sin(\theta - \alpha) \tag{2-26}$$

根据式(2-21)，可得：

$$\theta = \alpha - \arcsin\left(\frac{\lambda\varphi}{2\pi B}\right) \tag{2-27}$$

将式(2-27)代入式(2-23)中，可得：

$$z(y) = h - 2R_1(\vec{P})\cos\left[\alpha - \arcsin\left(\frac{\lambda\varphi}{2\pi B}\right)\right] \tag{2-28}$$

由此，根据已知天线位置参数(h，B，α)和雷达成像系统参数(θ)，可计算出地表的高程值 $z(y)$。

2.3.2 InSAR 数据处理的主要步骤

InSAR 数据处理的主要步骤为基线估算、影像配准、干涉图生成、相位差分、滤波、相位解缠及加入模拟相位、相位高程转换、地理编码等，见图 2-9。

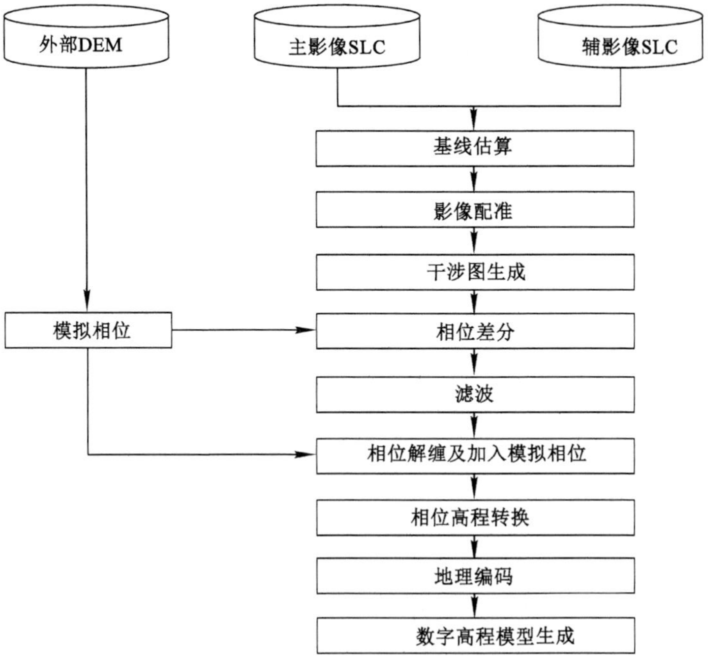

图 2-9　InSAR 数据处理的主要步骤

（SLC 为单视复图像）

2.3.2.1　基线估算

空间基线按水平和垂直方向分为水平基线 B_h 和垂直基线 B_v，也可按基线 B 在垂直和平行于主图像视线方向分为平行基线 $B_{\parallel}$ 和垂直基线 $B_{\perp}$。垂直基线 $B_{\perp}$ 不能超过临界基线值 $B_{\perp}^{*}$。

$$B_{\perp}^{*}=\frac{B_{w}R_{1}(\vec{P})\tan(\theta-\beta)}{f_{0}} \tag{2-29}$$

式中，B_w 为信号距离向带宽；β 为地面坡度；f_0 为信号载频。

基线估算可采用以下两种方法：① 星历参数估算方法，即利用 5 个星历点的卫星位置矢量和速度矢量进行内插，计算卫星在每一个空间点确切的位置信息；② 利用地面控制点估算卫星空间参数，即获取 SAR 图像对应控制点的坐标，根据最小二乘原则求解参数 B、α。

$$\sum_{i=1}^{N}\left\{\varphi_{i}-\frac{2\pi}{\lambda}B\sin\left[\arccos\left(\frac{h-z(y)}{R_{1}(\vec{P})}-\alpha\right)\right]-\varphi_{0}\right\}^{2}=0 \tag{2-30}$$

式中，$(\varphi_i-\varphi_0)$ 为地面控制点的干涉测量相位真值。

2.3.2.2 干涉图生成及滤波

单幅 SAR 影像的相位具有随机性,但干涉图的相位是一定的,且取决于脉冲信号路径差 ΔR。影像经过精确配准后,采用式(2-14)进行复共轭相乘生成复干涉纹图。由于干涉图存在大量噪声,不利于后续的相位解缠处理,还需进行多视、去除平地效应、滤波处理等。

(1) 平地效应

即使在没有高程变化的平坦地表也会产生线性变化的干涉相位,称为平地效应,见图 2-10。

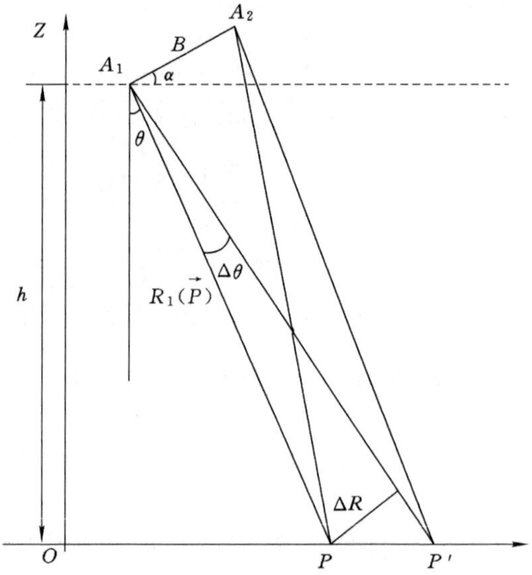

图 2-10 平地效应几何图

与 P 点位于同一高程的 P'点干涉相位为:

$$\varphi' = -\frac{2\pi}{\lambda} B\sin(\theta + \Delta\theta - \alpha) \tag{2-31}$$

$$\Delta\varphi_R = \varphi' - \varphi = -\frac{2\pi}{\lambda}[B\sin(\theta + \Delta\theta - \alpha) - B\sin(\theta - \alpha)] \tag{2-32}$$

由于 $\Delta\theta$ 极小,考虑与 ΔR、$R_1(\vec{P})$之间的关系,有:

$$\Delta\varphi_R = -\frac{2\pi B_\perp \Delta R}{\lambda R_1(\vec{P})\tan\theta} \tag{2-33}$$

平地效应消除的方法主要有以下几种:① 利用轨道参数和成像区域中心点的大地经纬度去除平地效应;② 采用外部 DEM 去除平地效应;③ 通过计算距

离向和方位向干涉条纹频率的平地相位来去除平地效应。

(2) 滤波

干涉图去除平地效应后，干涉相位仍存在大量的噪声，严重影响相位解缠结果的质量，需进行滤波处理。目前，滤波的方法有均值滤波法、中值滤波法、加权中值滤波法、抗差加权滤波法、基于局部坡度的自适应滤波法、基于梯度的自适应滤波法、Goldstein(戈德斯坦)自适应滤波法等。

(3) 干涉相干性

相干性是评价干涉质量的重要参数，计算公式如下：

$$\gamma = \frac{\left| \sum_{i=1}^{N} S_1^i S_2^{i*} \right|}{\sqrt{\sum_{i=1}^{N} \left| S_1^i S_1^{i*} \right| \sum_{i=1}^{N} \left| S_2^i S_2^{i*} \right|}} \tag{2-34}$$

干涉相干性越好，表明图像的信噪比越高，散射体的相位中心较为稳定，地表物体具有空间一致性。影响干涉图相干性的去相干源主要有热噪声 γ_{thermal}、空间基线 γ_{spatial}、体散射 γ_{volume}、时间基线 γ_{temporal}、大气延迟 γ_{atmo} 等。重复轨道模式下，在一定重访周期下获取不同时刻的 SAR 图像，由于冰冻、融化、阴雨、飓风、植被等影响，观测目标可能发生变化，导致成像区域的反射特征也发生变化，大大降低了干涉图的相干质量。其中，大气延迟 γ_{atmo} 包括电离层延迟 ΔR_{iono} 和对流层延迟 ΔR_{tropo}，即：

$$\Delta R_{\text{iono}} \approx \frac{K \cdot \text{TEC}}{f^2 \cdot \cos\theta} \tag{2-35}$$

式中，TEC 为电离层电子浓度总含量；K 为系数。

$$\Delta R_{\text{tropo}} \approx \frac{\text{ZPD}}{\cos\theta} \cdot e^{-\frac{z(y)}{h}} \tag{2-36}$$

式中，ZPD 为天顶对流层延迟。

由于干涉像对的主、辅图像获取时刻不同，其电离层和对流层物质分布也不同，导致不同的大气延迟，形成大气去相干源。

2.3.2.3　相位模拟及差分

相位差分是双站干涉相位与双站模拟相位之差，即：

$$\Delta\psi_{\text{Difference}} = \Delta\psi_{\text{TanDEM-X}} - \Delta\psi_{\text{SRTM-X}} \tag{2-37}$$

式中，$\Delta\psi_{\text{TanDEM-X}}$ 为 TDX/TSX 双站 SAR 干涉相位；$\Delta\psi_{\text{SRTM-X}}$ 为外部 SRTM-X DEM 的双站模拟相位，即模拟计算中涉及 TDX/TSX 双站几何结构和零多普勒时间等参数，见式(2-38)和式(2-39)。

$$\left\| \vec{P}_M(t_{\text{az,M}}) - \vec{P} \right\| - \left\| \vec{P}_S(t_{\text{az,S}}) - \vec{P} \right\| = -\frac{\lambda}{2\pi} \cdot \Delta\psi_{\text{SRTM-X}} \tag{2-38}$$

式中，$\vec{P}_M(t_{az,M})$、$\vec{P}_S(t_{az,S})$和 $\vec{P}$ 分别为 TDX 卫星、TSX 卫星和地面某点空间位置。

$$\mathrm{ZDT}_{\mathrm{height}} = h_{\mathrm{height}} \cdot \left(\frac{\hat{h}_{\mathrm{increase}} \cdot \hat{V}_M}{2|\vec{V}_M|} - \frac{\hat{h}_{\mathrm{increase}} \cdot \hat{V}_S}{2|\vec{V}_S|} \right) \tag{2-39}$$

式中，$\mathrm{ZDT}_{\mathrm{height}}$为每个像素在不同地面高程下的零多普勒时间；$\hat{h}_{\mathrm{increase}}$为高程升高方向的单位矢量；$\hat{V}_M$ 和 $\hat{V}_S$ 分别是 TDX/TSX 卫星数据获取时刻速度。

2.3.2.4 相位解缠

主、辅图像复共轭获取的相位值采用反正切函数形式表示，所得到的相位差只是主值，其取值范围在(−π，+π]之间，真实的相位差必须在此值基础上加上或减去 2π 的整数倍，这样的过程称为相位解缠。相位解缠的方法可分为两大类：一类基于路径积分的相位解缠算法，譬如枝切法、质量图法、区域增长算法等；另一类基于最小范数的相位解缠算法，譬如最小二乘算法、加权最小二乘算法、格林函数法、多重格网算法、遗传算法、网络流法等。

2.3.2.5 相位高程转换及地理编码

相位解缠后才能进行相位高程转换，具体方法有几何法、高程模糊度法等。几何法容易理解和实施，但高程计算结果存在较大系统误差；高程模糊度法是利用相位 φ 和高程 $z(y)$之间的关系计算出高程 $z(y)$，但在计算中需进行迭代运算，即：

$$\frac{\partial \varphi}{\partial_{z(y)}} = -\frac{2\pi B_{\perp}}{\lambda R_1(\vec{P})\sin\theta} \tag{2-40}$$

地理编码是将高程数据及影像数据从 RD 坐标系转换为指定的地图坐标系，并对高程数据及影像数据上的几何畸变进行校正，获取无几何畸变的标准地理编码结果。地理编码最常用的方法是距离-多普勒方程法，即：

(1) 斜距方程

$$R_{ij} = \| \vec{R}_s - \vec{R}_t \| \tag{2-41}$$

式中，$\vec{R}_s$和$\vec{R}_t$分别为传感器和目标的位置矢量。

(2) 多普勒方程

$$f_d = -\frac{2}{\lambda R_{ij}}(\vec{R}_s - \vec{R}_t) \cdot (\vec{V}_s - \vec{V}_t) \tag{2-42}$$

式中，$\vec{V}_s$和$\vec{V}_t$分别为传感器和目标的速度；f_d 为方位向坐标的多普勒参数；$\vec{V}_t = \omega_e \cdot R_t$，$\omega_e$ 为地球自转速度。

(3) 地球模型

$$\frac{x_t^2 + y_t^2}{(R_e + h)^2} + \frac{z_t^2}{(R_p + h)^2} = 1 \tag{2-43}$$

式中，R_e 为赤道半径；$R_p = (1 - 1/f)R_e$，f 为平坦因子；x_t，y_t，z_t 为地物目标的地心坐标。

在 TanDEM-X 双站 SAR 地理编码过程中，除了采用传统距离方程和多普勒方程外，还需考虑双站 SAR 干涉方程，分别见式(2-41)、式(2-42)、式(2-44)。

$$\| \vec{P}_M(t_{az,M}) - \vec{P} \| - \| \vec{P}_S(t_{az,S}) - \vec{P} \| = -\frac{\lambda}{2\pi}(\psi_{unw} + \psi_{off}) \tag{2-44}$$

式中，$t_{az,M}$为 TDX 卫星距离向时间；$t_{az,S}$为 TSX 卫星的方位向时间；ψ_{unw}和 ψ_{off} 分别为解缠相位和偏移相位。

精确的地理编码，还需考虑电离层延迟和对流层延迟对信号传播时间 $t_{rg,M}$ 的影响以及 TDX 卫星和 TSX 卫星不同的视角差异。

2.4　本章小结

本章简要阐述了双站 SAR 干涉测量相关知识，着重涉及 TanDEM-X 双站 SAR 卫星简介、双站 SAR 基础知识、双站 SAR 干涉测量基本原理，为后续开展相关研究奠定基础。

第 3 章　冰川物质平衡估算方法

3.1　双站 InSAR 冰川表面高程变化提取方法

TDX 卫星与 TSX 卫星构成星座运行，能够实现真正意义上的星载双站 SAR 干涉测量。与常规重复轨道 InSAR 数据处理方法相比，在 TanDEM-X 双站 InSAR 数据处理时，外部 DEM 相位模拟和地理编码中需考虑双站几何结构、零多普勒时间等参数。针对 TanDEM-X 双站 InSAR 干涉条纹过密影响相位解缠效率和常规滤波方法降噪能力较弱的问题，本书提出了一种 TanDEM-X 双站 InSAR 冰川表面高程变化生成算法，流程图见图 3-1，即对 TDX/TSX 干涉相位与 SRTM DEM 模拟相位进行差分处理，引入非局部均值差分相位滤波方法，抑制差分相位的噪声水平并提高地形信息的细节保持能力。在此基础上，研究 DEM 差值方法和差分相位方法在冰川高程变化提取中的应用。

3.1.1　双站 InSAR DEM 提取

在双站 InSAR 算法中，利用高精度的 ICESat 数据进行绝对相位偏移校正，生成精确的 TDX DEM。针对未使用 ICESat 绝对相位偏移校正的 TDX raw DEM(raw 表示原始的或未校正的)，可采用二次多项式拟合的方法校正 TDX raw DEM，消除其线性趋势偏差。

TanDEM-X 双站 SAR 为已配准单视复数据，不需要进行聚焦和影像配准处理。对外部 DEM 进行相位模拟计算，可生成双站模拟相位。将已配准的单视复数据共轭生成干涉图，对双站模拟进行相位差分处理并进行相位解缠，从而降低 TanDEM-X 双站 InSAR 干涉条纹对相位解缠效率和精度的影响。

与其他已发表的 TanDEM-X 双站 InSAR 方法不同的是，本书采用的滤波方法引入 NL 滤波，用来降低干涉图的噪声水平并增强双站 InSAR 地形结果中细节保持能力，获取更为精确的冰川地形结果和冰川表面高程变化结果。

将解缠后的 TanDEM-X 双站 InSAR 差分相位重新加入 SRTM-X 双站模拟相位，获得 TanDEM-X 双站 InSAR 解缠相位。可直接进行相位高程转换及

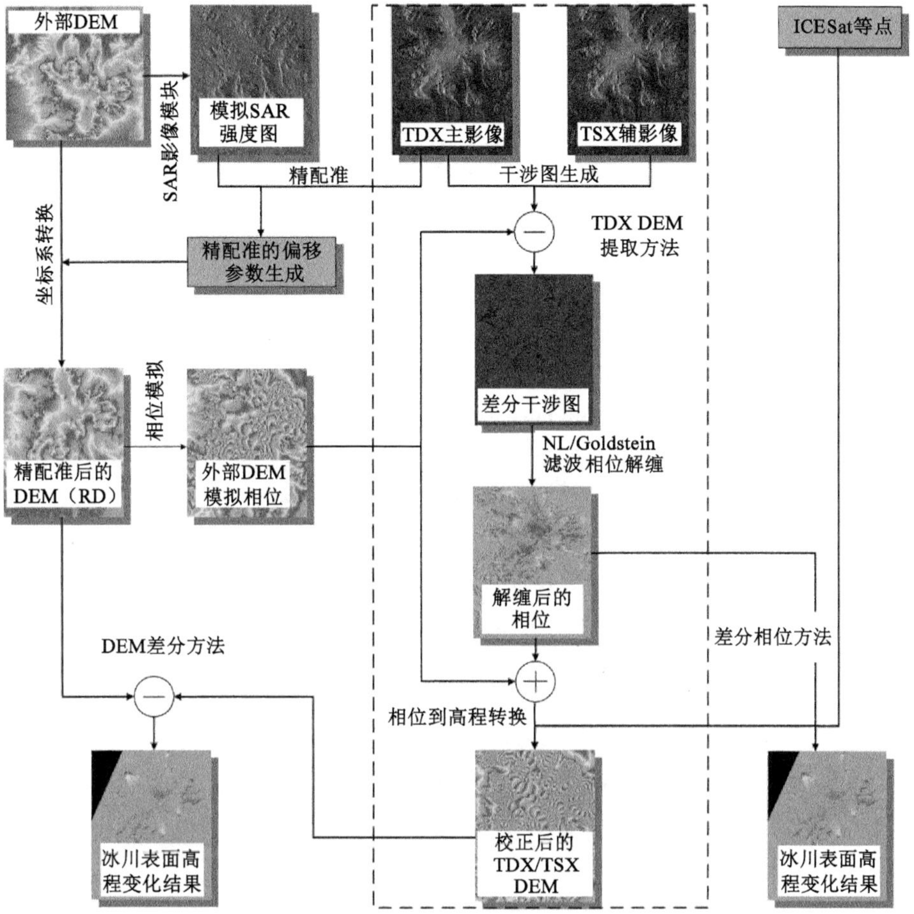

图 3-1　双站 InSAR 生成 DEM 及冰川表面高程变化流程图

地理编码，生成 TDX raw DEM；也可采用高精度地面控制点（Ground Control Point，GCPs）对双站 InSAR 解缠相位进行绝对相位偏移校正后，进行相位高程转换及地理编码，生成校正后的 TDX DEM。

由于卫星轨道基线偏差等原因，TDX raw DEM 存在较大的趋势性偏差，采用二次多项式拟合法对其进行校正。首先，以相干值高、地形起伏小、均匀分布等依据，在 TDX raw DEM 上选择 GCP 点，根据 GCP 文件中每个点的经纬度信息，提取相应点的 SRTM DEM 高程值。其次，将每个点的 TDX raw DEM 高程值分别与相应的 SRTM DEM 高程值进行差值处理。采用 2 倍中误差准则进行粗差剔除处理。利用二次多项式拟合算法，即：

$$g(x,y)=a_0+a_1\cdot x+a_2\cdot y+a_3\cdot x\cdot y+a_4\cdot x^2+a_5\cdot y^2 \quad (3\text{-}1)$$

将 TDX raw DEM 去除误差趋势面后，可以生成拟合法校正的 TDX DEM。

3.1.2 冰川表面高程变化提取

冰川表面高程变化是冰川物质平衡重要的输入参数，其精确程度直接影响后续的冰川物质平衡结果。本书采用 DEM 差分和差分相位两种方法获取冰川表面高程变化。

(1) DEM 差分方法

DEM 差分方法的关键步骤如下：首先，对两个 DEM 进行预处理，保证两个 DEM 分辨率、投影、坐标系、高程基准等一致。其次，对两个 DEM 进行配准。本书中，TDX DEM 与 SRTM DEM 的配准参数主要通过 TDX 影像强度图和 SRTM DEM 模拟强度图两者配准获取。第三，根据配准参数对 SRTM DEM 重采样，对 TDX DEM 与重采样后的 SRTM DEM 进行差值处理，见图 3-1。

(2) 差分相位方法

在 TanDEM-X 双站 SAR 数据处理中，差分相位 $\Delta\psi_{\text{Differences}}$ 可通过双站干涉相位 $\Delta\psi_{\text{TanDEM-X}}$ 与双站模拟相位 $\Delta\psi_{\text{SRTM-X}}$ 之差获取。根据解缠后的差分相位 $\Delta\varphi_{\text{unw}}$ 与高程变化 ΔH 之间的关系，见式(3-2)，直接提取冰川表面高程变化结果，见图 3-1。

$$\Delta H=-\frac{\lambda}{2\pi}\frac{R\sin\theta_i}{B_\perp}\cdot\Delta\varphi_{\text{unw}} \quad (3\text{-}2)$$

3.2 冰川物质平衡估算流程

3.2.1 冰川表面高程变化结果预处理

冰川表面高程变化结果预处理分冰川区域和非冰川区域两个部分。对于冰川区域，首先，进行 SRTM 空洞掩膜处理。其次，进行奇异值的剔除，譬如将对高程差进行±100 m 的处理。第三，利用 TanDEM-X 双站 SAR 的相干性进行剔除处理，譬如将相干性阈值设置为低于 0.3。第四，对坡度比较大的区域进行剔除处理，可将冰川区域坡度阈值设置为 45°左右。最后，对处理结果进行 3 倍中误差循环剔除处理，处理过程中若前后两次处理获得的中误差差值在 1 m 之内，则停止循环，获得最终的冰川表面高程变化结果。对于非冰川区域，采用上述同样的步骤，但在相干性阈值和坡度阈值设置方面，由于藏东南非冰川区域几乎没有平坦地区，为了获得可靠的结果，可将相干性阈值和坡度阈值分别设定为 0.7 和 5°。

3.2.2　分段法统计冰川表面高程变化均值

分析近十多年的冰川表面高程变化结果，在冰川积累区中的冰川表面高程可增厚 20～30 m，而在冰川消融区减薄 100 m 左右，冰川表面高程变化值相差悬殊，根据 Gardelle 等（2013）提供的冰川表面高程变化的计算方法，本书采用高程分段的方法来计算冰川表明高程变化。

首先，对冰川表面高程变化结果进行高程上 100 m 分段，根据每景数据高程的最大值和最小值，计算出所分的段数 Num，对每一段的像素个数 N_i 以及每一段的高程变化均值 $\mathrm{dh\_single}_{(i)}$ 和 $\mathrm{STDEV}_{(i)}$ 进行统计；其次，对每一段中像素大于 3 倍 $\mathrm{STDEV}_{(i)}$ 的高程变化值进行剔除，并统计出 3 倍 $\mathrm{STDEV}_{(i)}$ 剔除后的每一段像素个数 M_i 和新的 $\mathrm{dh\_single}_{(i)}$ 及 $\mathrm{STDEV}_{(i)}$；最后，利用面积加权的方法统计整景数据高程的变化结果。根据每一段的面积或者像素个数所占数据进行定权，统计方法满足以下两式：

$$\mathrm{dh\_single} = \sum_{i=1}^{\mathrm{Num}} \mathrm{dh}_i \cdot P_i \tag{3-3}$$

$$P_i = \frac{M_i}{\sum_{i=1}^{\mathrm{Num}} M_i} \tag{3-4}$$

式中，dh_i 为整体区域的高程变化结果或单景中每段的高程变化结果；P_i 为整体区域的面积权重。

3.2.3　整体区域的冰川表面高程变化统计

首先对两景或三景数据重叠的 TDX 数据进行融合处理并作为一个块区域，对于每一块区域同样利用式(3-3)和式(3-4)计算出每一块的高程变化结果。利用式(3-5)和式(3-6)计算藏东南整体的高程变化结果。

$$\mathrm{dh} = \sum_{i=1}^{\mathrm{Num}} \mathrm{dh\_single}_{(i)} \cdot P_i \tag{3-5}$$

$$P_i = \frac{M_i}{\sum_{i=1}^{\mathrm{Num}} M_i} \tag{3-6}$$

3.2.4　冰川物质平衡估算

采用冰川表面高程变化的年变化速率与冰雪密度之间的关系模型，估算单景整体藏东南的冰川物质平衡 ΔMB，即：

$$\Delta \mathrm{MB}=\rho g \sum_{i=1}^{n} \mathrm{dh}_i g P_i \tag{3-7}$$

式中，ρ 为冰密度，采用 Neckel 等(2013)使用的冰密度模型，(900±17) kg/m^3；n 为整体区域块数。

3.3 误差改正

3.3.1 季节性改正

与青藏高原其他区域冰川的类型不同，藏东南大部分冰川属于春季积累型冰川，而最大的消融量又发生在夏季，Yang 等（2013)的花杆实测结果表明，2009 年 5 月底至 8 月底期间，Parlung 4 号冰川在夏季 3 个月内冰川物质亏损了 −4 800 mm $w.eq^{-1}$。因此，春季和夏季两个季节的冰川物质平衡量存在较大的差异。另外，藏东南研究区域中已有的 12 景 TDX 数据中 6 景数据获取日期为 8 月底左右。然而，在估算该区域 2000—2014 年冰川物质平衡时，采用的是 2000 年 2 月份的 SRTM DEM。估算的冰川物质平衡中，有 6 景 TDX 数据覆盖的冰川存在季节冰川物质平衡波动。因此，为了获取较为精确的藏东南冰川物质平衡结果，必须进行季节性物质平衡波动的改正。

季节改正值 $\mathrm{dh}_{\mathrm{Season}}$ 满足下式：

$$\mathrm{dh}_{\mathrm{Season}}=h_{\mathrm{Summer}}-h_{\mathrm{Spring}} \tag{3-8}$$

式中，h_{Summer} 为 2014 年 8 月份的 TDX 数据；h_{Spring} 为 2014 年 2 月份的 TDX 数据。

对获取的高程变化结果，进行了相干性大于 0.3 的掩膜处理、3 倍西伽马处理以及坡度大于 20°的处理等。通过验证和精度评估，认为其季节性改正可靠后，将其季节性改正值应用于 6 景存在季节冰川物质平衡波动的冰川表面高程变化结果中，使其数据获取日期改正到 2 月份，与 SRTM DEM 获取的月份保持一致，从而减少或消除由于获取 TDX 数据的季节不同带来的冰川表面高程变化。

3.3.2 雷达穿透性改正

雷达穿透值是大地测量估算冰川物质平衡结果中的最大不确定性值。Gardelle 等(2013)认为大地测量方法中最大的不确定性来自 C 波段和 X 波段的雷达穿透性。例如，Gardelle 等(2013)利用 X 波段和 C 波段 SRTM DEM 估算的藏东南雷达穿透值为 1.7 m。然而 Kääb 等(2015) 采用 2003—2008 年 ICESat数据线性回归到 2000 年，用 C 波段 SRTM DEM 估算雷达穿透性，其值为 7～9 m。Kääb 等认为 Gardelle 等的估算结果是用了非冰川区均值对冰川区均值进行改正，所以导致了雷达穿透性值偏低。Neckel 等(2017)利用双站 SAR 估算藏东南中部冰川表面高程变化并进行穿透性改正时，直接采用了 Kääb 等的雷达穿透性结果，即用(8.5±1.5) m 对冰川表面高程变化结果进行改正。

3.3.2.1　多源 DEM 的高程基准统一

雷达 X 波段和 C 波段的单个波段穿透性或两个波段穿透性差值一直是大地测量冰川学争论的焦点之一，主要原因是无论单个波段穿透性或两个波段穿透性差值的精确估算结果或模型尚无定论，严重影响了利用大地测量方法估算冰川物质平衡。ICESat 测高数据提供了一种独立的高程数据，其高程精度在平坦区域为 0.1 m (1 倍中误差)，在地形较为复杂的区域高程精度为～1 m (1 倍中误差)。对于 SRTM DEM 高程精度而言，ICESat 的高程精度足以用于 SRTM DEM 高程基准确定等工作。

3.3.2.2　多源 DEM 的配准

试验采用藏东南区域的 X 波段和 C 波段 SRTM DEM 进行穿透性差异校正。首先，对 X 波段和 C 波段 SRTM DEM 进行配准。由于不同平台获得的地形存在水平方向的偏移和高程方面的系统偏差，因此，在进行穿透性差异处理之前，首先要判断两个 DEM 是否配准，判断的方法可采用高程变化与坡向关系法。其次，利用 3.2.1 节中高程变化后处理方法，分别对冰川区和非冰川区进行处理。最后，根据高程变化后处理的结果，估算藏东南 C 波段和 X 波段的穿透性差异值。

影像的配准算法已十分成熟，但是关于 DEM 之间配准算法的研究相对较少。目前，获取 DEM 的技术手段越来越多，不同技术获取的 DEM 可能存在水平向偏移和高程向偏差，从而导致后续估算的结果不准确，所以，DEM 的配准是十分重要且关键的中间步骤。因此，在进行其他后续试验之前，须对多源的 DEM 进行配准。

目前，已发表的文献中关于 DEM 配准的方法可以分以下两种：① 线状配准。即利用一条或者多条剖面线，通过调整偏移像素值计算配准精度，以最高的统计精度下的偏移量作为最终的 DEM 配准偏移量，从而实现 DEM 之间的配准。Berthier 等 (2007)、Gardelle 等 (2013)进行了详细的阐述，见图 3-2；② 面状配准。与线状配准不同，面状配准算法要求所有像素都参与运算。一种方法是 Kääb 等(2005)采用 DEM 高程差和坡度以及坡面朝向之间的关系，获取 DEM 之间的偏移总量和偏移总方向，见图 3-3。这种方法虽然所有像素都参与了运算，但输出的配准偏移量却是一个整体的偏移量。另一种方法是采用 SAR 影像作为辅助数据获取两个 DEM 的模拟 SAR 影像，采用两个模拟 SAR 影像的偏移量作为 DEM 的偏移量，对两个 DEM 进行配准。该方法不仅实现了所有元素参与运算，且输出的配准偏移量是每个像素的偏移量。

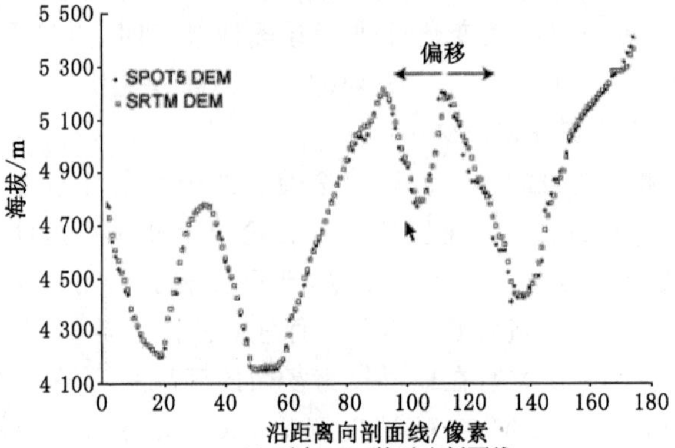

(a) 两个DEM的对应剖面线

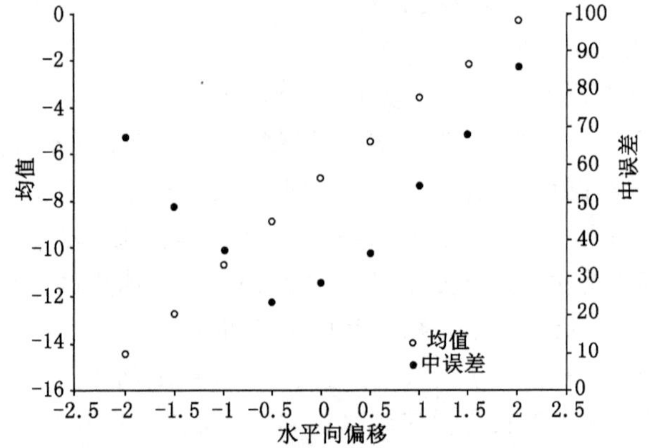

(b) 通过调整剖面线偏移量统计两条剖面线的均值和中误差

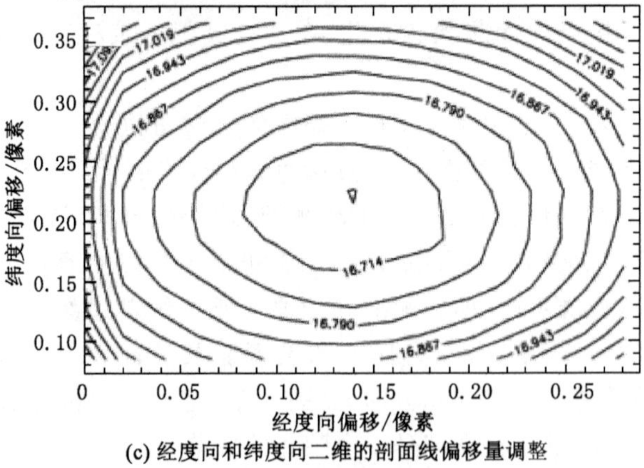

(c) 经度向和纬度向二维的剖面线偏移量调整

图 3-2　DEM 的线状配准方法

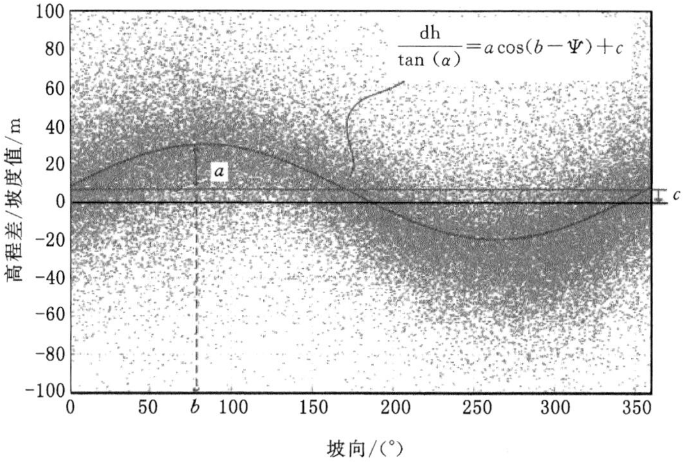

(a) DEM高程差和坡度以及坡向之间的关系散点图

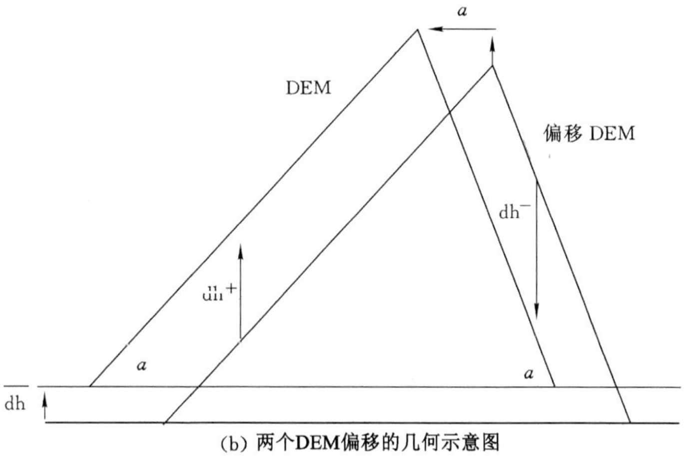

(b) 两个DEM偏移的几何示意图

图 3-3　DEM 高程差值统计图与几何示意图

注：dh 为两个 DEM 的高程差；α 为坡度；Ψ 为坡向；a 为偏移总量；

b 为偏移总方向；c 为高程偏差，其中 a、b、c 为待求量。

由于线状配准方法统计的结果精度较差，且工作量相对较大，本次试验采用面状配准的两种方法进行 DEM 的配准。

面状配准的两种方法各有优劣，叙述如下。基于高程差值、坡度坡向的 DEM 配准方法的优点：① 数据准备简单，易操作；② DEM 质量要求低，较大的 DEM 空洞不影响配准方法的实施。缺点：① 对于单景或单轨道（单升轨或单降轨）雷达获取的 DEM，该方法难以实施，缺少雷达照射方向的坡向结果；② 对于面积较小的区域或者条带状的山脉地区，该方法也难以实施，必须保证在各个坡向都有数据；③ 获取的偏移量是一个 DEM 间的整体偏移量，无法获得每个像素的偏移量。基于模拟 SAR 影像的 DEM 配准方法的优点：① 可以实现每个像素的配准；② 配准的精度高，能达到 1/1 000 像素配准精度；③ 对于小范围或条状山地区域，不影响该方法的实施。缺点：① DEM 质量要求高，必须是无空洞或较少空洞区域；② 需要额外的 SAR 影像数据或参数，数据准备较为复杂。

3.3.2.3　雷达穿透性差异改正值计算

在经过 X 波段和 C 波段 SRTM DEM 高程基准统一和配准后，对两个不同波段的 SRTM DEM 进行差分处理，并对差值的平均值进行统计。本书在藏东南试验区域中选择了两个雷达穿透性差值估算的区域，获取了两个区域的平均值后，根据两个区域的面积权重，得到最终的雷达穿透性差异改正值，以此对双站 InSAR 的冰川表面高程变化结果进行雷达穿透性改正。

3.4　不确定性分析

不确定性是冰川物质平衡估算中非常重要的一环，在雷达穿透性差异改正和季节性改正中会引入相应的不确定性。总体上，误差源 $\sigma_{\mathrm{Uncertainty}}$ 包括以下四类：冰川表面高程变化的不确定性 σ_{dh}、季节性改正的不确定性 σ_{Season}、高程基准的不确定性 σ_{Datum} 和雷达穿透性差异的不确定性 $\sigma_{\mathrm{Penetration}}$，并满足下式：

$$\sigma_{\mathrm{Uncertainty}}^2=\sigma_{\mathrm{dh}}^2+\sigma_{\mathrm{Season}}^2+\sigma_{\mathrm{Datum}}^2+\sigma_{\mathrm{Penetration}}^2 \tag{3-9}$$

冰川表面高程变化的不确定性 σ_{dh} 满足下式：

$$\sigma_{\mathrm{dh}}^2=\sum_{i=1}^{\mathrm{Num}}\mathrm{dh\_single}_{(i)}{}^2\cdot P_i^2 \tag{3-10}$$

式中，dh_single 为单块区域或单景的高程变化结果；P_i 为每块区域或每景数据的面积权重；Num 为区域块数或 TDX 景数。

对于每块区域或单景的高程变化不确定性 $\sigma_{\mathrm{dh\_single}}$，满足下式：

$$\sigma_{\mathrm{dh\_single}}^2=\sum_{i=1}^{\mathrm{Num}}\sigma_{\mathrm{dh}_i}^2\cdot P_i^2 \tag{3-11}$$

式中，Num 为该区域或该景中 100 m 高程分段的段数；P_i 为每个高程段的面积权重；σ_{dh_i} 为每个高程段的不确定性，满足下式：

$$\sigma_{\mathrm{dh}_i}^2=\frac{\mathrm{STDEV}_i^2}{N_{\mathrm{eff}_i}} \tag{3-12}$$

式中，STDEV_i 为每个高程段的标准方差；N_{eff_i} 为有效像元个数，满足下式：

$$N_{\mathrm{eff}_i}=\frac{N_i\cdot \mathrm{PS}}{2D} \tag{3-13}$$

式中，N_i 为像元总个数；PS 为像元分辨率；D 为空间自相关的距离。Bolch 等(2012)认为 D 约为像元分辨率的 1/20。

将季节性改正的不确定性 σ_{Season}、高程基准的不确定性 σ_{Datum} 和雷达穿透性差异的不确定性 $\sigma_{\text{Penetration}}$ 这三种不确定性表示为 σ_{X}，均采用 Bolch 等(2012)的不确定性评估方法，即：

$$\sigma_{\text{X}}=\sqrt{m^2+\frac{\text{STDV}^2}{N_{\text{eff}}}} \tag{3-14}$$

式中，m 为非冰川区的均值；STDV 为非冰川区的标准偏差；N_{eff} 为非冰川区的有效像元个数。

本书采用 ICESat 高程点对雷达穿透性差异结果进行预处理，具体如下：首先，选取雷达穿透性差异估算试验区的 ICESat 高程点；其次，进行坡度筛选，将符合坡度小于 10°的 ICESat 高程点保留下来；第三，结合 X 波段和 C 波段 SRTM DEM 进行高程校正和统计，计算 X 波段和 C 波段 SRTM DEM 非冰川区的均值、非冰川区的标准偏差、非冰川区的有效像元个数。预处理完成后，根据式(3-14)进行高程基准的精度评估。

本书采用两个试验区域进行雷达穿透性差异改正时间，采取同样的流程进行同样的处理和计算，然后根据两块区域的面积权重，进行加权统计，最后获取藏东南雷达穿透性差异改正的不确定性值。

3.5　本章小结

本章主要阐述了山地冰川物质平衡估算及误差来源评估方法。本书针对 TanDEM-X 双站 InSAR 干涉条纹过密影响了相位解缠效率和常规滤波方法降噪能力较弱的问题，提出了一种 TanDEM-X 双站 InSAR 冰川表面高程变化生成算法，即对 TDX/TSX 干涉相位与 SRTM DEM 模拟相位进行差分处理，引入 NL 差分相位滤波方法，抑制了差分相位的噪声水平并提高了地形信息的细节保持能力，获取了更为可靠的冰川表面高程变化结果。在此基础上，通过对冰川表面高程变化结果的季节性改正、雷达穿透性改正，以及各项改正引入的误差源分析，完善了山地冰川物质平衡估算方法。

第 4 章 祁连山西部冰川物质平衡估算

4.1 研究区和数据

祁连山西部冰川位于青藏高原的北部，介于 39°12′～39°36′ N，96°18′～96°45′ E，共发育了 216 条冰川，冰川面积为 134.9 km^2，冰川体积为 7.6 km^3，冰川海拔范围为 4 000～5 500 m，物质平衡线约为 4 830 m。老虎沟 12 号冰川（又称透明梦珂冰川，见图 4-1）是祁连山西部最大的山谷冰川，长约 10.8 km，冰川面积约为 20.4 km^2。

图 4-1 祁连山老虎沟 12 号冰川

受西风带和西伯利亚反气旋的影响，祁连山西部以大陆性干旱气候为主，年平均气温和冰川表面雪温度分别为 −12.0 ℃ 和 −16.9 ℃。月平均气温和降水数据表明，该区域具有很强的季节性，70％的降水集中在 5 月份和 9 月份之间。本试验采用的 TanDEM-X 双站 SAR 数据的获取时间是 2013 年 11 月 21 日，位于老虎沟 12 号冰川的自动气象站数据记录显示，该时间段的平均日气温和相对湿度分别为 −15.6°和 47％（孙维君 等，2011），该试验区域的冰川表面雪层为干雪。此外，Wang 等（2016）通过在老虎沟 12 号冰川海拔 4 355～4 990 m 冰川表面的花杆实测结果表明，新降的鲜雪深度主要在 10～50 cm 之间，且随着海拔升高逐渐变深。相对喜马拉雅山脉的冰川而言，该区域的冰川表面高程或长度变化相对较小。但是，杜文涛等(2011)研究表明该区域的气候变化越来越温暖和潮湿，冰川的消融正在逐渐加剧，其冰川面积从 1957 年以来一直在减少。

4.2　试验数据

本书主要试验数据为覆盖祁连山西部冰川的一对 2013 年 TanDEM-X 双站 InSAR 数据，利用高精度的 ICESat 测高数据对 TDX DEM 等结果进行校正。采用 C 波段的 SRTM DEM 作为 InSAR 数据处理中的外部 DEM，提取 2000—2013 年高程变化结果和估算物质平衡，并利用实测的 GNSS(Global Navigation Satellite System，全球导航卫星系统)数据对提取的高程变化结果进行相应的验证。另外，采用 X 波段的 SRTM DEM 并结合 C 波段的 SRTM DEM 进行雷达穿透性差异改正的试验。冰川边界线采用全球陆地冰空间监测计划(Global Land Ice Measurements from Space Project，GLIMS)提供的数据。试验数据覆盖范围见图 4-2。

4.2.1　TanDEM-X 双站 InSAR 数据

本书利用一对获取时间为 2013 年 11 月 21 日的 TanDEM-X 双站 SAR 数据生成高分辨率、高精度的 TDX DEM。双站 SAR 的数据格式是德国航空航天中心采用 TanDEM 一体化软件已配准好的单视复数据。该数据的基本参数为降轨数据，极化方式为 HH 极化，入射角为 33.83°。双站 SAR 影像的距离向和方位向分辨率分别为 3.2 m 和 3.3 m，其时间基线几乎为零秒，双站 SAR 数据的主要参数见表 4-1。

表 4-1　TDX/TSX 双站 SAR 数据的主要参数

参数类型	具体参数值
数据获取模式	双站模式
成像模式	条带模式
数据格式	已配准单视复数据
极化方式	HH
轨道升降轨	降轨
侧视方向	右侧视
时间基线/s	0
垂直基线/m	154.85
模糊度/m	33.03
中心入射角/(°)	33.83

表 4-1(续)

参数类型	具体参数值
距离向分辨率/m	3.2
方位向分辨率/m	3.3
多视视数	5
相干性整体平均值	0.86
干涉图分辨率/m	10

4.2.2 C 波段和 X 波段 SRTM DEM 数据

2000 年 2 月 11 日，由美国国家航空航天局和国防部国家测绘局以及德国航空航天中心与意大利航天机构共同合作完成航天飞机雷达地形测图任务(SRTM)，并由美国发射的奋进号航天飞机搭载 SIR-C/X-SAR 有效载荷完成联合测量。经过 11 天的数据采集，获取了北纬 60°至南纬 56°之间的雷达影像数据，覆盖了地球 80%以上的陆地表面。SRTM 拥有美国 C 波段(波长 5.6 cm)的 SIR-C 传感器和德国 X 波段(波长 3.1 cm)的 X-SAR 传感器，C 波段 SRTM DEM 在全球北纬 60°至南纬 56°之间陆地表面几乎全覆盖，然而 X 波段仅仅呈相隔 50 km 宽度交叉覆盖。SRTM 数字高程产品包括三种不同分辨率的 DEM 数据：① SRTM1，空间分辨率为 30 m 的 DEM；② SRTM3，空间分辨率为 90 m，平面基准为 WGS84 参考椭球，高程基准为 EGM96 大地水准面；③ SRTM30，分辨率为 900 m。

试验主要采用 30 m 分辨率的 C 波段和 X 波段 SRTM DEM，其中 C 波段 SRTM DEM 主要用来作为外部 DEM，对冰川高程变化进行计算。由于该试验区域并未被 X 波段 SRTM 覆盖，因此，采用距离试验区域西北 90 km 处的类似的冰川区域进行了雷达穿透性差异的试验。在 SRTM DEM 高程精度方面，SRTM DEM 产品说明中给出该 DEM 的精度在非冰川区域为±16 m。Kääb 等(2005)在阿尔卑斯山分别对分辨率 90 m 和 30 m 的 SRTM DEM 进行了精度评估，其评估的高程精度分别为±20 m 和±7 m。本试验的分辨率 30 m SRTM DEM，为美国地质调查局发布的数据产品。

4.2.3 ICESat 高程精度评估数据

ICESat 是 NASA 地球观测系统的一部分，是首颗载有激光雷达传感器的卫星。ICESat 的主要任务是测量冰原地形及其时变、云层及大气层的特征，同时 ICESat 上搭载的 GLAS 是一种星载的激光传感器系统，利用激光器每秒发

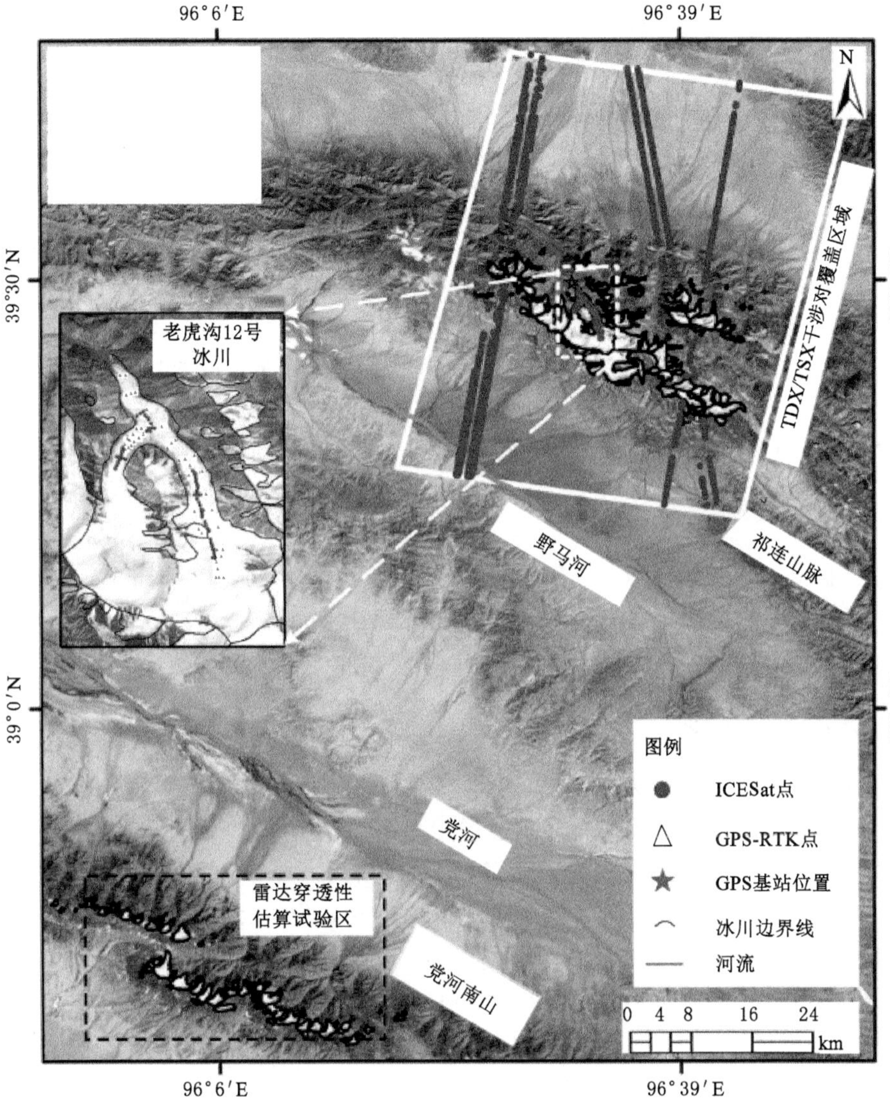

图 4-2　本试验区域及本试验所用的数据分布情况

注：白色方框为 TDX/TSX 双站 SAR 影像覆盖范围；黑色多边形为冰川边界；蓝色实线为该区域的野马河和党河；红色点和蓝色点分别为 ICESat 卫星测高数据和 GPS-RTK 数据；老虎沟 12 号冰川的 GPS-RTK 分布情况进行了放大显示，作为一个插图在图的左边；红色的五角星为 GPS-RTK 的基站位置；雷达穿透性估算试验的位置也在该图中，位于试验区域西南方向约 90 km 处；底图为谷歌地球的一幅 level 14 光学遥感影像。

射 40 次脉冲，在地面上形成直径为 70 m 左右的光斑，经过均值处理获得光斑中心高程值，光斑之间的间隔为 170 m 左右（Huber et al.，2009）。ICESat 测高高程精度在平坦区域为 0.1 m，但在地形起伏较大的区域或地形复杂的区域，其高程精度在 1 m 左右（González et al.，2010）。试验采用的 ICESat 数据为 2 号激光器 L2D 工作时段版本 33 的 GLA14 的陆地测高数据，数据获取时间为 2008 年 12 月 7 日。美国国家冰雪数据中心提供的 ICESat 数据是以 Topex/Poseidon 椭球为参考椭球，试验采用美国国家冰雪数据中心提供的 IDL 程序测高信息提取工具将数据转换到 WGS84 椭球下大地坐标。

同时，试验采用 ICESat 测高数据作为高程基准数据对 TanDEM-X 双站 SAR 获取的 TDX DEM 进行精度评估，ICESat 空间分布情况见图 4-2，90％的 ICESat 点位于平坦区域，剩余 10％的 ICESat 点在地形复杂区域，但在 TDX DEM 评估中，仅采用位于平坦区域的 ICESat 点进行 DEM 精度评估。

4.2.4 GNSS 验证数据

试验采用了 2012 年 9 月份实测的 GPS-RTK 数据对 TanDEM-X2 的 2000—2013 年高程变化进行验证，GPS 设备型号为南方 Lingrui S82 和天宝 5700，GPS 基站位置见图 4-2。GPS 点共有 121 个，其高程精度为±0.2 m。

4.2.5 冰川边界数据

试验采用中国科学院寒区旱区环境与工程研究所发布的第二次冰川编目的边界数据。该冰川编目数据是采用遥感卫星 Landsat TM/ETM＋数据提取冰川边界，并以 90 m 分辨率 SRTM DEM 进行了冰川高程、坡度、坡向等冰川属性提取。同时，采用 GPS-RTK 实测数据和高分辨率遥感影像进行对比验证，第二次冰川编目中的冰川矢量数据具有较高的定位精度，能够满足冰川研究的需求。

冰川编目属性如下：Glc_Name（冰川名称）、Drng_Code（流域编码）、Glc_Long（冰川经度）、Glc_Lati（冰川纬度）、Mean_Slp（冰川平均坡度）、Mean_Asp（冰川平均坡向）等。

4.3 TDX DEM 结果与分析

4.3.1 相干性分析

在 SAR 干涉测量中，相干性是判断能否干涉测量的依据，也是反映干涉质量好坏的标准，而时间基线是重要的去相干源。重复轨道模式获取数据的时间基线为十天至一个月，获取的干涉对数据相干性一般较差，严重影响了 DEM 结果。星座串飞模式获取数据的时间基线最长为 1 天，其中 COSMO-SkyMed 最短为 20 s，大幅提高了数据对的相干能力，然而星座串飞模式仍具有一定的时间基线，对于地表变化较快区域的相干性不够理想，特别是冰川、植被和水体表面等地表易变化地区。TanDEM-X 科学计划开创了双站 SAR 干涉测量模式时代。TDX/TSX 卫星采用双站 SAR 干涉测量模式，依靠零时间基线的独特优势，消除了时间去相干源和大气效应去相干源，同时降低了地表变化等去相干源，在冰川、植被和静止水体等地物表面易变区域保持较高相干性，保证了高质量干涉数据和高精度 DEM 结果的获取。

试验分别采用传统自适应滤波（Goldstein filter）和非局部均值滤波（NL filter）对相干值进行了滤波，两种滤波条件下相干性的对比结果见图 4-3。

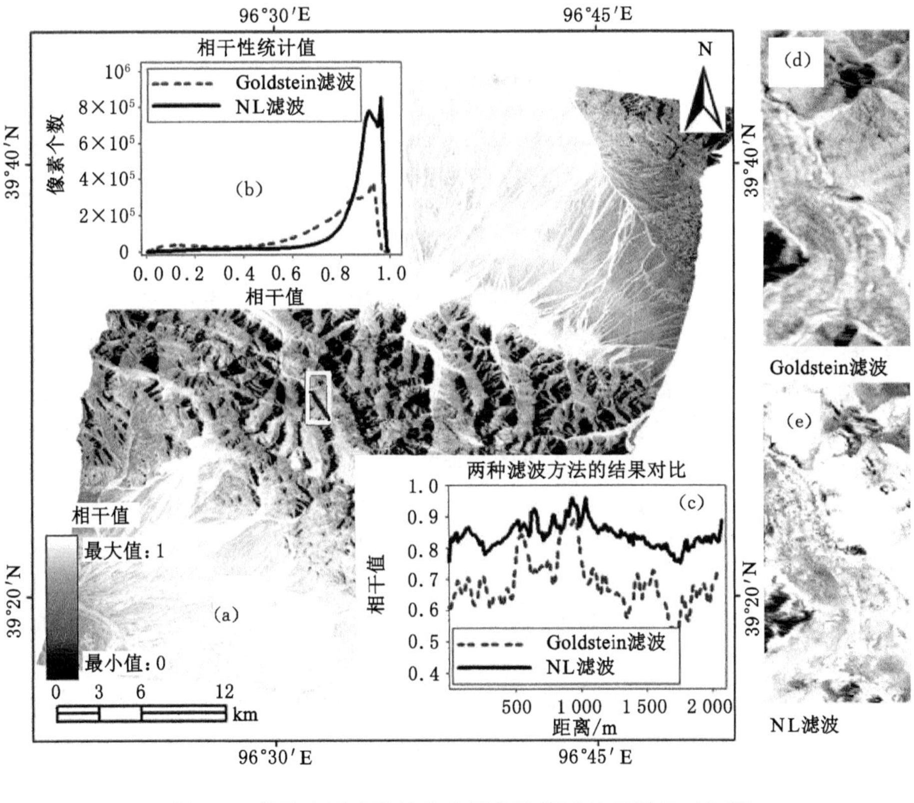

图 4-3　传统自适应滤波和非局部均值滤波相干性对比图

(a) TanDEM-X 双站 SAR 相干性的整体结果；(b) 不同滤波条件下相干性的统计直方图结果；(c) (a)中蓝线的两种不同滤波的相干值剖面线；(d)，(e) 老虎沟 12 号冰川 Goldstein 滤波和 NL 滤波结果

图 4-3 中两种滤波的相干性结果显示，非局部均值滤波明显优于传统自适应滤波。从图 4-3(b)两种相干性统计结果来看，NL 滤波的相干值主要集中在 0.8～1.0，然而传统 Goldstein 滤波的相干值多集中在 0.6～1.0。另外，我们分别对两种滤波的相干值进行了剖面线对比分析，剖面线位置见图 4-3 中白色矩形框中的黑色实线。剖面线对比结果显示，NL 滤波的相干值结果整体比传统 Goldstein 滤波的结果高 0.2 左右。为了进一步对比两种滤波在噪声抑制和细节保持方面的能力，我们放大显示了位于老虎沟 12 号冰川的两种滤波后的相干值结果，见图 4-3(d)、(e)，结果显示 NL 滤波能保证更高的相干性(亮度高)和更好的细节保持。

4.3.2 TDX DEM 结果

试验采用 NL 滤波的方法生成了 TDX DEM 及渲染图，见图 4-4。为了进一步显示 TDX DEM 的高分辨率特性，选取了图 4-4(a)的白色方框区域进行了 10 m分辨率 TDX DEM、30 m 分辨率 SRTM DEM 和 90 m 分辨率 SRTM DEM 定性对比，见图 4-4(b)，结果表明 TDX DEM 在细节保持方面远远优于 SRTM DEM，譬如 TDX DEM 能看到清晰的河道信息。

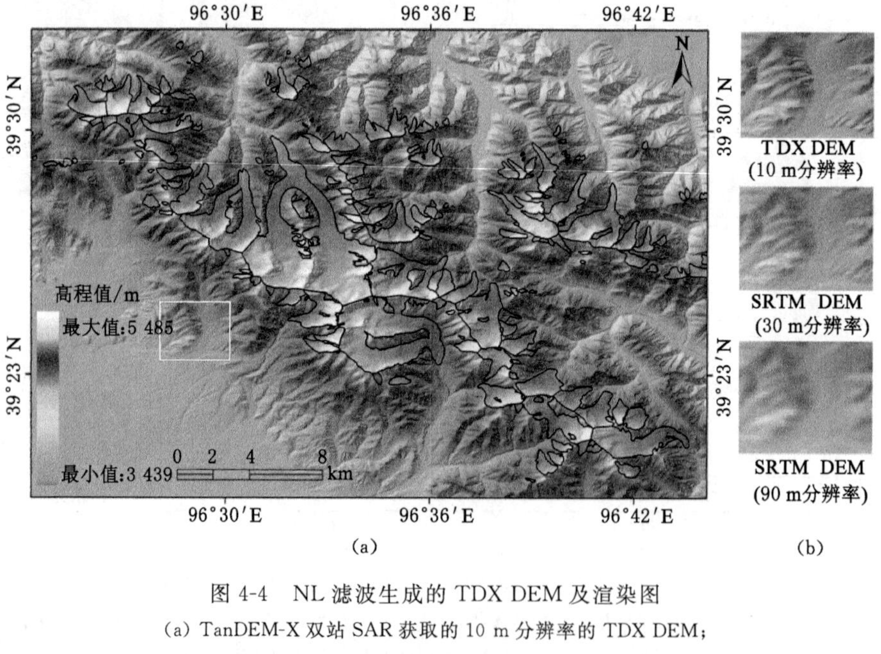

图 4-4　NL 滤波生成的 TDX DEM 及渲染图

(a) TanDEM-X 双站 SAR 获取的 10 m 分辨率的 TDX DEM；

(b) 10 m 分辨率 TDX DEM、30 m 分辨率 SRTM DEM、90 m 分辨率 SRTM DEM

4.4　冰川表面高程变化及物质平衡结果

4.4.1　2000—2013 年冰川表面高程变化结果

在试验中，我们使用 4 种方法估算了祁连山西部山地冰川的 2000—2013 年冰川表面高程变化结果，即采用两种高程变化估算方法（差分 DEM 和差分相位）和两种滤波方法（传统 Goldstein 滤波和 NL 滤波）两两组合。本书展示了差分相位和 NL 滤波组合获取的冰川表面高程变化结果，见图 4-5，该组合结果在噪声抑制和纹理保持方面优于其他三种组合。图 4-5 中黑色实线为冰川边界线，主要采用中国科学院寒区旱区环境与工程研究所发布的第二次冰川编目数据。图 4-5 的冰川变化结果表明，最大的冰川消融位于冰川末端，其高程变化值为－40 m，在积累区存在增厚现象。

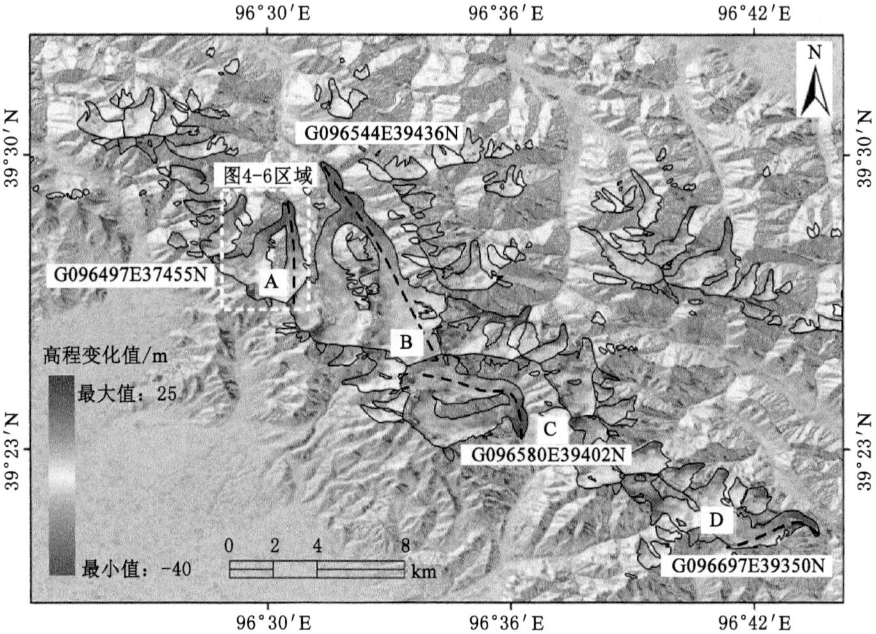

图 4-5　祁连山西部山地冰川 2000—2013 年冰川表面高程变化结果（差分相位和 NL 滤波组合）

注：图中白色边框为冰川 ID 为 G096497E39455N，主要为 4 种组合方法优劣比较的试验区域；4 条冰川（ID 分别为 G096497E39455N、G096544E39436N、G096580E39402N 和 G096697E39350N）用来分析高程变化结果和高程之间的关系。

试验采用分段的方法计算了该区域的整体冰川表面高程变化结果，经过穿透性改正后的冰川表面高程变化结果为(－2.823±1.065) m，采用常用的冰川密度模型(900±17) kg/m^3 对该区域的冰川物质平衡进行了估算，其年均冰川物质平衡亏损水当量为(－195.44±73.82) mm w.eq.a^{-1}。

我们对 4 种方法的高程变化结果分别从定性和定量两个方面进行了评估分析。在定量对比方面，我们评估了 4 种组合方法高程变化结果的不确定性，见表 4-2。差分相位方法结果的不确定性优于差分 DEM 结果的不确定性，其主要原因可能为差分相位方法直接从差分相位转换为高程变化结果，不存在差分 DEM 方法中绝对相位偏移或 DEM 配准等因素的影响。另外，NL 滤波结果的不确定性优于 Goldstein 滤波结果的不确定性，主要原因是 NL 滤波在噪声抑制和细节保持方面优于 Goldstein 滤波(Deledalle et al.,2011)。因此，在定量对比方面，我们发现差分相位和 NL 滤波组合是最优组合，其不确定性为 1.065 m。

表 4-2　4 种方法的不确定性统计结果

方法	加权均方根误差/m	标准化中值绝对偏差/m	总不确定性/m
差分相位法 ＋ Goldstein 滤波	1.014	0.591	1.174
差分相位法 ＋ NL 滤波	0.912	0.550	1.065
差分 DEM 法 ＋ Goldstein 滤波	1.350	0.845	1.593
差分 DEM 法 ＋ NL 滤波	1.213	0.715	1.408

在定性对比方面，图 4-6 为冰川(ID:G096497E39455N)末端的 4 种组合方法高程变化结果，冰川位置位于图 4-5 的白色虚线边框中。4 种组合方法对比结果表明：① 差分相位方法的两个结果[见图 4-6(a)和(b)]在噪声抑制方面优于差分 DEM 方法的两个结果[见图 4-6(c)和(d)]。差分 DEM 方法似乎能保持一些“细节”，但是这些“细节”很可能是该方法在两个 DEM 差分时候引入的 SRTM DEM 误差。然而，相位差分方法直接从差分相位转为高程变化，受 SRTM DEM 的影响较小。② 图 4-6(a)和(b)两个对比结果显示，NL 滤波在噪声抑制方面优于 Goldstein 滤波。另外，本书在图 4-6 中的白色实线位置对 4 种组合方法的冰川表面高程变化结果进行了剖面线对比分析，见图 4-7。对比结果显示，差分相位和 NL 滤波组合方法既能抑制噪声又能保持细节。

4.4.2　冰川表面高程变化结果的 GNSS 数据验证

为了对比验证 SRTM DEM 与 TDX DEM 的 2000—2013 冰川表面高程变

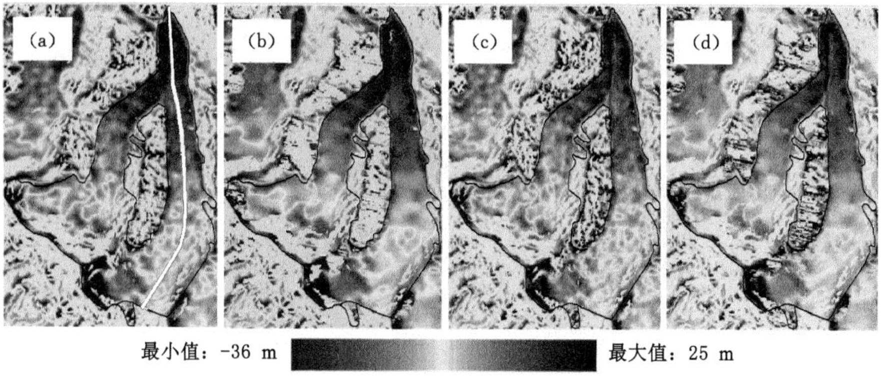

图 4-6　4 种组合方法的高程变化结果定性对比图(冰川位置为图 4-5 的白色方框)

(a) 差分相位方法和 Goldstein 滤波组合；(b) 差分相位方法和 NL 滤波；

(c) 差分 DEM 方法和 Goldstein 滤波；(d) 差分 DEM 方法和 NL 滤波

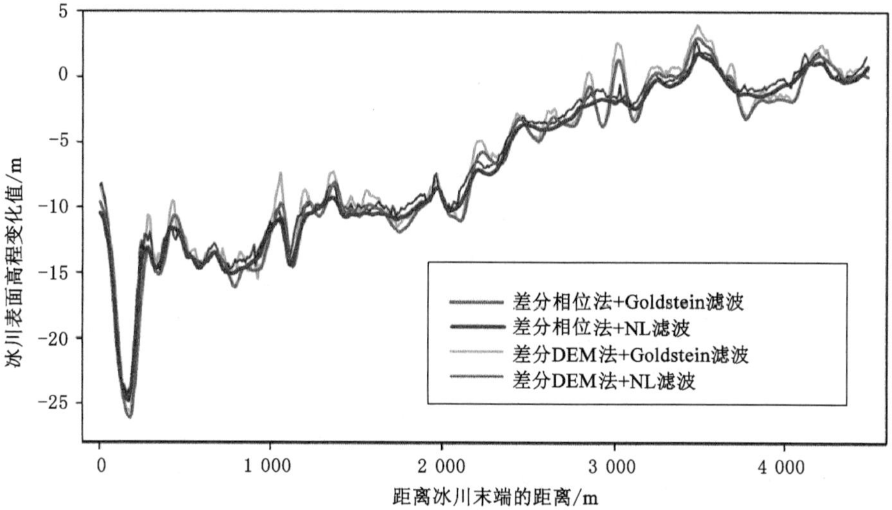

图 4-7　4 种组合方法的高程变化结果剖面线分析

化，我们采用 2012 年 GPS-RTK 实测数据计算了 2000—2012 年冰川表面高程变化，两种高程变化随海拔变化结果见图 4-8。整体上，两种高程变化结果趋势一致，在冰川末端存在较大的冰川表面高程变化，随着海拔的升高，冰川表面高程变化逐渐变小，在冰川物质平衡线(Equilibrium-Line Altitude，ELA)附近高程变化相对稳定，在冰川积累区，冰川表面高程变化为正值。产生这样高程变化的原因主要与气候变化有关，特别是温度和降水因素(Qin et al.，2015a，2015b)。

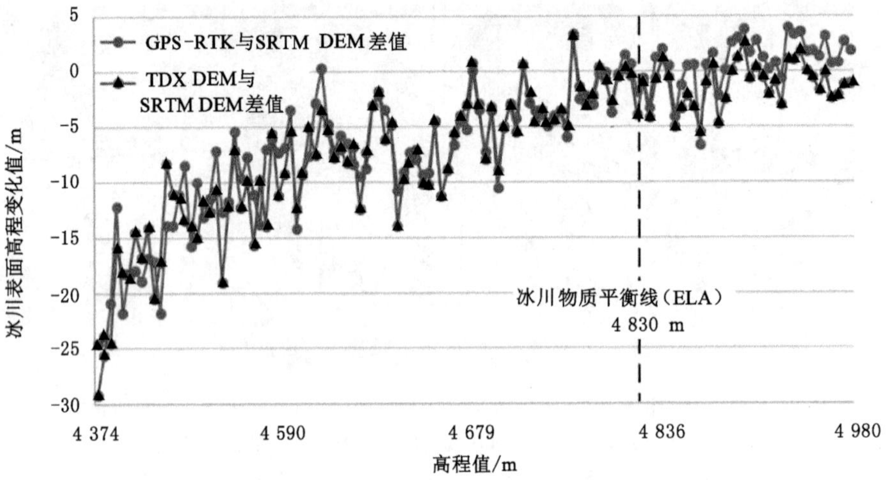

图 4-8　两种高程变化随海拔变化结果

4.4.3　冰川表面高程变化结果的局地影响因子分析

在同一区域，冰川整体上变化是类似的，但依然存在空间差异。这种局部区域的冰川表面高程变化空间差异的影响因素主要有冰川海拔、冰川地形坡度、坡向和冰川动力等(Racoviteanu et al.,2015)。

试验主要对冰川表面高程变化与海拔之间的关系进行了剖面线分析，选取了图 4-5 中的 4 条冰川，冰川的 GLIMS 编号分别为 G096497E39455N、G096544E39436N、G096580E39402N 和 G096697E39350N。图 4-9 为 4 条冰川的高程变化结果和海拔关系的剖面线，可以看出每条冰川高程变化结果与海拔之间呈负相关关系，说明海拔是冰川表面高程变化的一个重要因素。

4.4.4　雷达穿透性差异对冰川表面高程变化的影响

本书采用 X 波段和 C 波段 SRTM DEM 对雷达穿透性差异进行了估算，根据两个 DEM 差值的统计结果对雷达穿透性差异进行了改正。由于本试验区没有被 X 波段的 SRTM DEM 覆盖或与 SRTM DEM 同一时间获取的地面实测数据，因此我们选取了试验区西南方向 90 km 的党河南山冰川作为雷达穿透性差异改正的试验区，该区域共有 75 条冰川。本书采用覆盖该区域冰川的 30 m 分辨率的 C 波段 SRTM DEM 和 X 波段的 SRTM DEM 进行了雷达穿透性差异的试验。试验采用 DEM 差分的方法，但在差分前需检核是否需要配准等。在 DEM 差分之后，需进行坡度 20°掩膜、奇异值掩膜等后处理流程。最终统计的

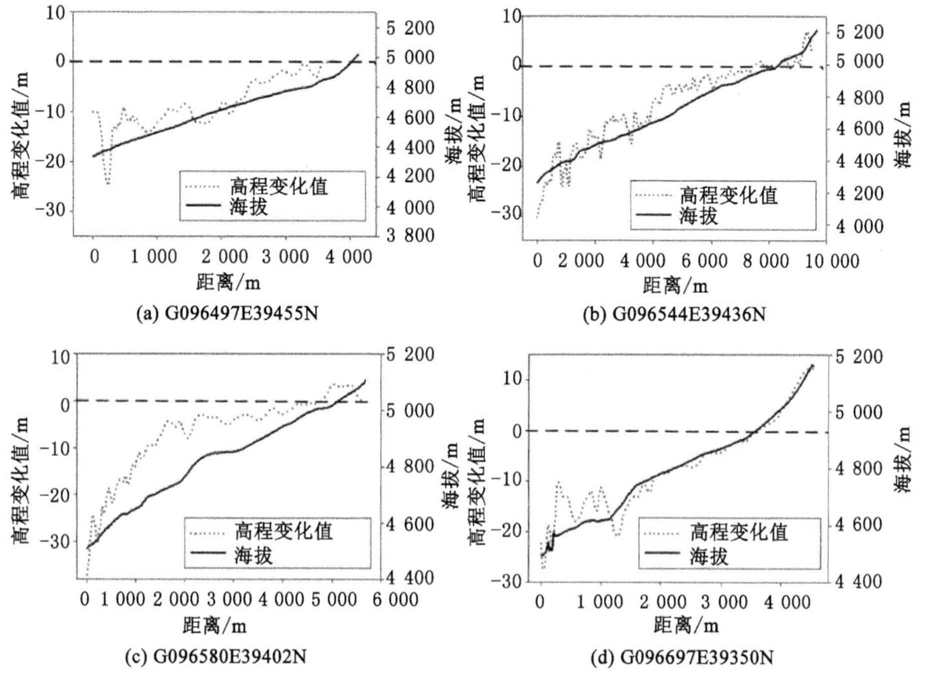

图 4-9　4 条冰川的高程变化结果和海拔关系的剖面线

雷达穿透性差异值为(1.47±3.01) m,并采用该统计结果对 2000—2013 年冰川表面高程变化结果进行了雷达穿透性差异的改正。

目前,雷达穿透性仍是大地测量方法估算冰川物质平衡的最大误差来源,定量分析雷达穿透性是雷达遥感的一个重要工作。一种常用的雷达穿透性差异改正的方法是就是采用一个雷达穿透性差异统计值对冰川表面高程变化进行改正。两个相隔 90 km 的试验区域,能否用邻近区域的雷达穿透性差异值去改正另一个试验区域的高程变化结果?这里从气候和地形等因素进行了分析。首先,在气候方面,Wang 等 (2016)认为两个区域的气候是一致的,比如年降水量和气温等;其次,两个区域的冰川地貌情况较为一致,例如冰川高程范围等;第三,两个区域的冰川长度变化情况同样一致。另外,本书统计的雷达穿透性差异值为(1.47±3.01) m,Gardelle 等 (2013)估算的雷达穿透值为 1.4～3.4 m,与已发表的文献较为一致。因此,本书采用试验区附近党河南山冰川的雷达穿透性差异去改正本试验的冰川表面高程变化结果是合理的。

在雷达穿透性差异的不确定性方面,本书计算的雷达穿透性差异值为±3.01 m,这个值的量级和已发表的文献较为一致(Muskett et al.,2009;Rignot et al.,2001;Melkonian et al.,2013)。在大多数山地冰川中,这个不确定性估值相对较大,主要原因可能是雷达穿透性随着海拔的升高而变化,尤其是雷达穿透性在积累区相对较大(Surazakov et al.,2006)。因此,如果将该不确定值加入冰川表面高程变化结果中,其冰川表面高程变化的整体不确定性值会从 1.01 m 上升到 3.17 m。这说明,已发表的一些文献在估算冰川整体不确定性的时候,没有考虑雷达穿透性不确定性值,因而低估了冰川的整体不确定性(Gardelle et al.,2012;Willis et al.,2012;Gardelle et al.,2013)。

4.5 DEM 精度评估及冰川物质平衡不确定性分析

4.5.1 TDX DEM 精度评估及分析

本书采用 ICESat 测高数据对两种不同滤波的 TDX DEM 结果进行了定量的精度评估,见表 4-3。评估结果表明,NL 滤波的 TDX DEM 结果精度为(1.493±0.747) m,而 Goldstein 滤波的 TDX DEM 结果精度为(1.857±1.709) m。Goldstein 滤波的 TDX DEM 与 ICESat 高程差值范围更大些(−17.343~13.928 m),而 NL 滤波的仅为−1.554~2.510 m。

表 4-3 两种不同滤波的 TDX DEM 精度评估结果

统计参数	Goldstein 滤波	NL 滤波
最小值/m	−17.343	−1.554
最大值/m	13.928	2.510
平均值/m	1.857	1.493
均方根误差/m	1.709	0.747

尽管试验区域海拔较高且地势复杂,但我们仍获取了 10 m 分辨率和 0.75 m精度的 TDX DEM 结果,达到 HRTI-3 标准,这也是迄今为止祁连山西部区域第一个高分辨、高精度地形结果。

上述是利用非冰川区域的 ICESat 点对 TDX DEM 进行的精度评估,ICESat 获取时间为 2003—2009 年,而 TDX 双站 SAR 数据获取的时间为 2013 年,该区域的冰川处于消融状态,不同时间的冰川表面高程不同,因此,无法使用 ICESat 测高点对冰川区域的 TDX DEM 进行精度评估。理论上,非冰川区域的 DEM 高程精度近似于冰川区域,主要原因是冰川区域的多数冰川表面较为平坦,且双站 SAR 的相干性较高。因此,我们采用非冰川区域的 TDX DEM 高程精度作为冰川区域的高程精度，且已发表的文献均采用该方法来评估冰川区域的 DEM 高程精度。

4.5.2　2000—2013 年冰川物质平衡结果及不确定性分析

我们采用非冰川区域的高程变化结果对冰川区域的高程变化结果进行了不确定性的评估，估算方法见式(4-1)(Koblet et al.,2010)。

$$e=\sqrt{\mathrm{NMAD}^2+\mathrm{wRMSE}^2} \tag{4-1}$$

式中，e，NMAD 和 wRMSE 分别为冰川表面高程变化不确定性、随机部分误差、系统部分误差。

我们采用该不确定评估方法，分别评估了 4 种组合方法的冰川表面高程变化结果，详见表 4-3。

4.6　本章小结

本章主要展示了祁连山大陆型冰川表面高程变化及冰川物质平衡估算结果。我们采用第 3 章的方法和双站 InSAR 数据生成了祁连山西部山地冰川第一个高分辨率、高精度 DEM 地形结果，并利用 ICESat 测高数据对常规滤波方法和 NL 滤波方法的 TDX DEM 结果进行了精度评估，结果表明：NL 滤波方法优于常规滤波方法。另外，我们采用差分 DEM 和差分相位两种方法估算了 2000—2013 年的冰川表面高程变化结果，并对结果进行了不确定性评估，评估结果显示：差分相位方法优于差分 DEM 方法。因此，差分相位和 NL 滤波组合方法能够获取更为可靠的冰川表面高程变化结果。在此基础上，我们估算了祁连山西部整体山地冰川的表面高程变化结果和冰川物质平衡结果，分别为(−2.823±1.065) m 和(−195.44±73.82) mm w.eq.a^{-1}，上述结果表明：祁连山西部山地冰川近十几年处于较为强烈的冰川物质亏损状态。另外，GNSS 和 SRTM DEM 的高程变化结果也验证了上述结果的可靠性。

第5章 藏东南冰川物质平衡估算及对气候变化的响应

5.1 藏东南冰川概述

藏东南(Southeastern Tibet Plateau,SETP)位于有“世界屋脊”之称的青藏高原东南部,是雅鲁藏布江、帕隆藏布江的重要水源。近几十年来,随着全球地表气温的升高,以及西风带、印度洋季风和东亚季风的影响,该区域冰川消融剧烈,呈现较大规模的物质亏损状态。受海拔以及局部地形因素的影响,不同区域的冰川表现为不同的时空特征。目前,藏东南已成为全球冰川学和全球变化研究领域的热点地区。

近十几年,藏东南冰川变化主要呈现退缩消融状态,但其冰川消融程度的空间分布特征尚不清楚。藏东南大多数冰川受印度洋季风影响,为温和海洋性冰川,对气候变化十分敏感,无论温度升降或是降水增减都能改变冰川的状态。降水的增加可能会导致冰川由消融状态转变为前进状态,温度的上升也会引起冰川消融加剧。2000 年后,藏东南气候发生变化,温度上升,同时印度洋季风带来的降水在减少,藏东南冰川基本处于消融状态。藏东南冰川也受海拔、局部地形因素影响,其冰川消融程度也会呈现不同的空间分布特征。Neckel 等 (2017)利用双站 InSAR 技术提取了藏东南 5 条冰川的冰川表面高程变化结果,但对于整体藏东南而言,该结果并不能够代替藏东南整体冰川消融状态。Gardelle 等 (2013)利用光学 SPOT-5 立体像对的方式获取了藏东南部分地区的冰川表面高程变化结果,该结果不仅存在区域小的问题,且时间跨度也相对较短。Kääb 等 (2015)和 Gardner 等 (2013)利用卫星测高数据估算了高亚洲地区的冰川物质平衡结果,其中藏东南区域物质亏损(−4.69±2.03) Gt/yr。目前,藏东南冰川物质平衡结果中存在以下几个问题:① 不同大地测量技术估算的冰川物质平衡结果存在较大的差异。譬如,Kääb 等 (2015)采用卫星测高的结果和 Gardelle 等 (2013)利用立体像对获取的结果相差近 1.0 Gt/yr。② 根据部分冰川物质平衡结果推估藏东南整体物质平衡，存在较大的不确定性。譬如，卫星测高结果为稀疏的点状结果，通过点状结果推估整体藏东南冰川物质平衡，其数据本身就存在较大的不确定性。即使采用面状成像大地测量方法，譬如摄影测量的方法，虽然可估算冰川物质平衡结果，但 Gardelle 等(2013)使用的 SPOT-5 数据仅覆盖藏东南不到 1/3 的区域，反算整体藏东南冰川物质平衡，还存在较大的不确定性。因此，需要面状且能全覆盖藏东南冰川的技术手段，从而能够正确估算藏东南整体冰川平衡结果。③ 目前，藏东南整体物质平衡估算已公开发表的结果较少。传统冰川学监测手段仅仅在部分冰川进行监测，藏东南区域气象站和花杆测量并没有覆盖大部分冰川，不同区域、海拔的冰川物质平衡状态存在一定差异，难以对藏东南冰川物质平衡进行整体估算。④ 小冰川监测结果并不能代表大冰川或整体藏东南冰川物质平衡。传统冰川学监测手段受环境、人力以及资金等因素影响，气象站仪器和花杆测量多数为小冰川，其估算的结果对于藏东南整体物质平衡估算，存在较大的不确定性或者系统偏差。⑤ 传统冰川学监测手段获取的冰川物质平衡结果还需要其他监测手段进行进一步验证。譬如，Yang 等(2013)利用 Parlung 94 号冰川附近的气象数据，获取的能量物质平衡结果，仅利用花杆测量验证存在一定的巧合性和偶然性，还需其他技术手段获取的冰川物质平衡结果进行验证，双站 InSAR 有望解决这一问题。

综上所述，藏东南冰川物质平衡估算及成因是当前地学界日益关注且亟待解决的重要科学问题。该区域虽然为全球热点地区，但尚无精确的整体冰川物质平衡结果以及合理的冰川变化机制解释。双站 InSAR 数据具有光学立体像对和地面实测等技术手段不可比拟的优势，能够有效提取藏东南近十几年冰川表面高程变化和冰川物质平衡结果。本书将综合利用双站 InSAR 大地测量技术研究藏东南冰川物质平衡，揭示冰川物质平衡的变化机制。

5.2　试验数据

5.2.1　双站 InSAR 数据

本试验数据主要为 12 景 TanDEM-X 双站 InSAR 数据，所有双站 InSAR 数据为已配准好的单视复数据，共有 5 景降轨数据和 7 景升轨数据，覆盖大部分藏东南冰川区域，覆盖范围见图 5-1，双站 InSAR 数据参数详见表 5-1 和表 5-2。

表 5-1 本试验覆盖藏东南冰川 TanDEM-X 数据参数

数据获取日期	单景 TDX 覆盖区域	入射角	升降轨	轨道
2013-09-22	Bomi	42.52°	降轨	135
2014-09-16	Boshula_1	44.56°	升轨	158
2014-09-05	Boshula_2	42.60°	升轨	158
2014-01-15	Nenang_1	37.11°	降轨	135
2014-02-17	Nenang_2	39.30°	降轨	135
2014-02-06	Nenang_3	41.38°	降轨	135
2014-08-14	Parlung	47.70°	升轨	158
2013-08-20	Unknown_1	40.32°	降轨	135
2014-08-25	Yalong	46.2°	升轨	158
2011-12-20	Yigong_1	33.78°	升轨	158
2013-02-04	Yigong_2	46.76°	升轨	67
2011-12-20	Yigong_3	33.78°	升轨	158

表 5-2 季节性改正的 TanDEM-X 数据参数

数据获取日期	覆盖区域	入射角	升降轨	轨道
2014-02-18	Parlung 4 号等冰川	46.70°	降轨	150
2014-08-14	Parlung 4 号等冰川	47.70°	升轨	158

5.2.2 温度降水气候数据

气象数据采用中国区域地面气象要素数据集，该数据利用国际上现有的 Princeton 再分析资料、GLDAS 资料、GEWEX-SRB 辐射资料，以 TRMM 降水资料为背景场，融合了中国气象局常规气象观测数据制作而成。数据水平空间分辨率 0.1°×0.1°，包含近地面气温和地面降水率，时间从 2000 年到 2014 年。藏东南冰川主要受印度洋季风的影响，因此两个气象要素选取的时间为 5 月至 9 月期间的数据。地面气温的结果中，2002—2004 年存在较大的异常值，对异常值进行剔除处理。

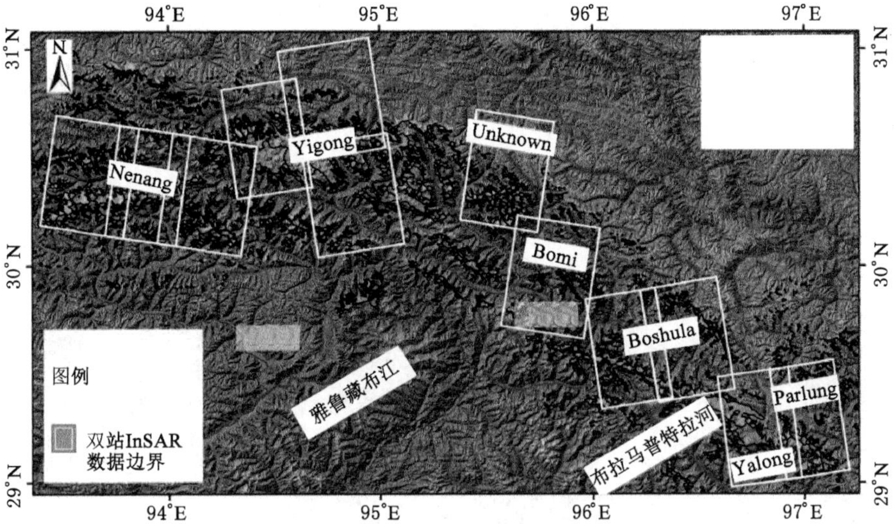

图 5-1　试验区域及试验所用的数据分布情况

5.3　藏东南整体冰川物质平衡结果

5.3.1　藏东南冰川雷达穿透性改正

试验采用的双站 InSAR 数据为 X 波段的雷达数据，而参与冰川表面高程变化计算的 2000 年 SRTM DEM 为 C 波段的雷达数据，X 波段和 C 波段在冰川表面存在雷达穿透性差异。因此，获取冰川表面高程变化初步结果后，必须进行雷达穿透性改正。本书采用覆盖藏东南的 X 波段和 C 波段 SRTM DEM 作为雷达穿透性差值估算的试验区，根据估算的雷达穿透性差值结果对藏东南整体冰川进行雷达穿透性差异改正。雷达穿透性差异改正分以下几个步骤：① 两个 DEM 水平方向配准检测。X 波段和 C 波段属于不同类型传感器，它们获取的 DEM 结果可能存在水平方向的偏移，因此，第一步必须对两个不同传感器获取的 DEM 数据进行配准检测，判断两个 DEM 是否存在水平偏移。如果存在较大的水平偏移，需对两个 DEM 进行进一步的配准处理。反之，可不对两个 DEM 进行配准处理。② 两个 DEM 高程方向基准检测。与水平方向配准检测原因类似，不同类型传感器获取的 DEM 结果也可能会存在高程方向基准的差异，因此需要采用第三方高程数据对高程基准进行检测，判断高程方向的基准是否统一。本试验采用 ICESat 测高数据对两个 SRTM DEM 进行高程基准的检测，如果两个 DEM 在高程方向存在基准差异，需进一步对高程基准进行统一。③ 雷达穿透性差异值估算和不确定性评估。经过两个 DEM 水平方向配准检测和高程方向基准检测后，采用 DEM 差分的方法对雷达穿透性差异进行计算。最后对雷达穿透性改正的不确定性进行评估。

(1) 两个 DEM 水平方向配准检测

本次试验采用面状配准的两种方法进行 DEM 的配准试验。参与的统计区域有 5 个区域，见图 5-2。

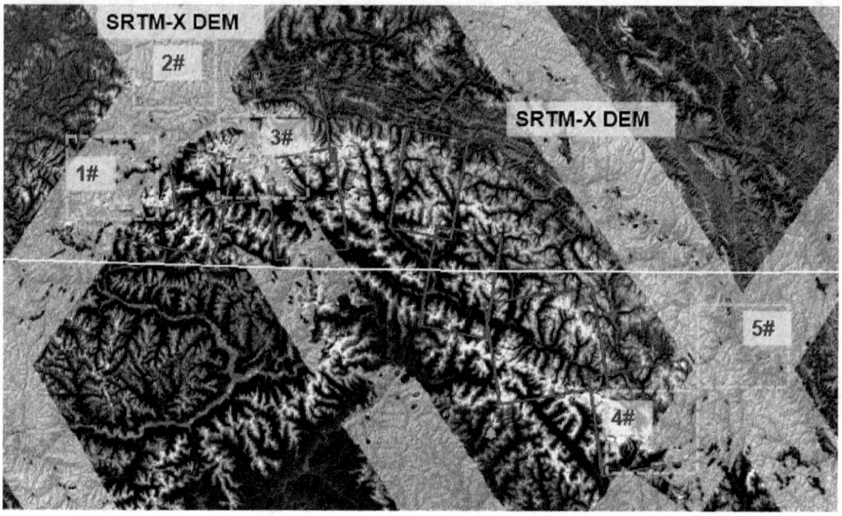

图 5-2　参与 DEM 配准的 5 个区域

首先，采用基于 DEM 高程差与坡度之间关系的配准试验。试验采用 Kääb 等 (2015)提出的 DEM 配准方法，即利用两个 DEM 高程差和坡度以及坡面朝向之间的关系，生成三者之间的散点图。

由图 5-3 可知，5 个区域的 X 波段和 C 波段 SRTM DEM 几乎不存在 DEM 不配准的情况，尤其是 2＃、3＃和 5＃这三个区域。

1＃、3＃和 4＃这三个区域出现了断开的情况，其中 1＃和 4＃区域出现在坡向 270°左右，而 3＃区域出现在坡向 90°左右，主要原因是 1＃和 4＃区域位于降轨条带，而 3＃区域位于升轨条带，且 SRTM 的航天飞机采用了左视的照射方式，不同于卫星的右视照射方式，见图 5-4(a)。雷达照射方向在山地区域时易产生透视收缩和叠掩的高程跳变，见图 5-4(b)。由图 5-3 中可知，2＃和 5＃两个区域的散点图并没有断开，主要原因是这两个区域位于升降轨交叉的地方，同时也表明位于升降轨交叉处的 X 波段 SRTM DEM 对升轨和降轨的 DEM 进行

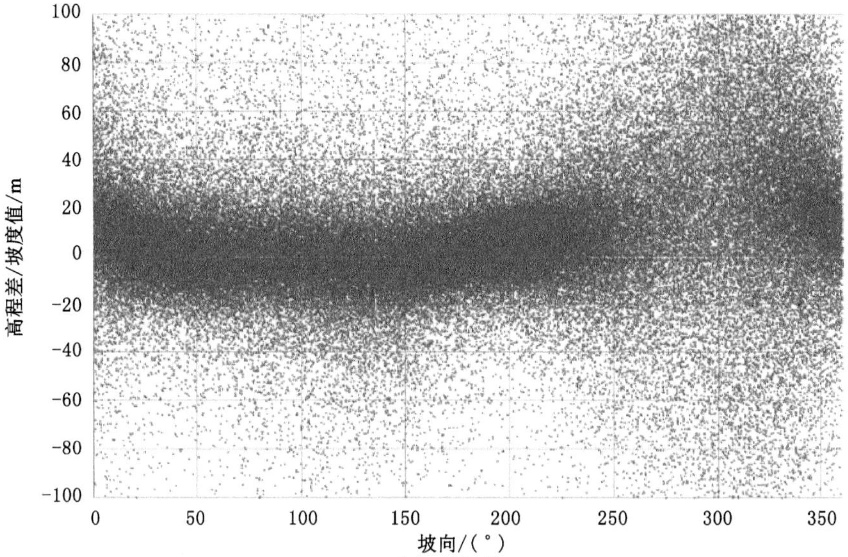

（a）1#区域

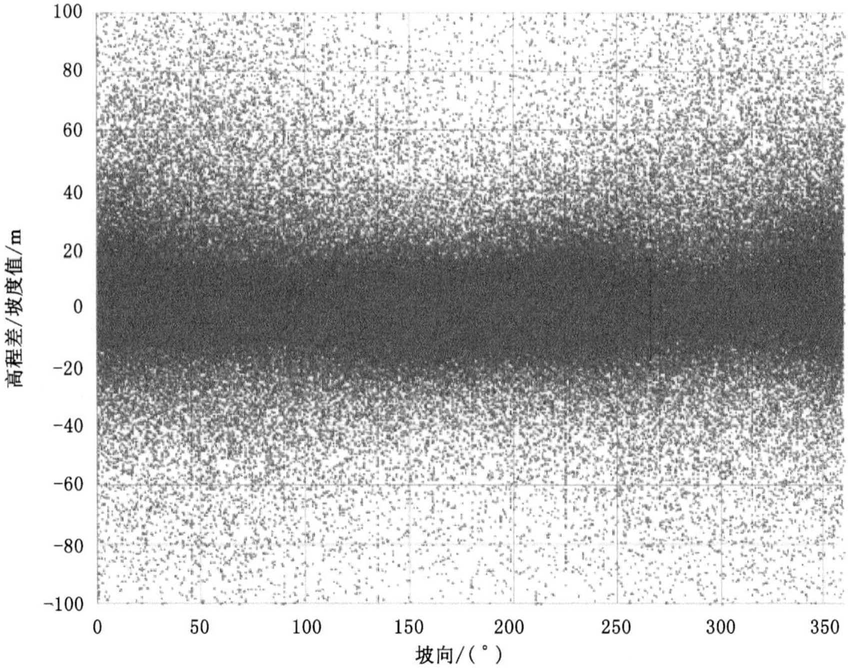

（b）2#区域

图 5-3　DEM 高程差和坡度值以及坡向之间的关系散点图

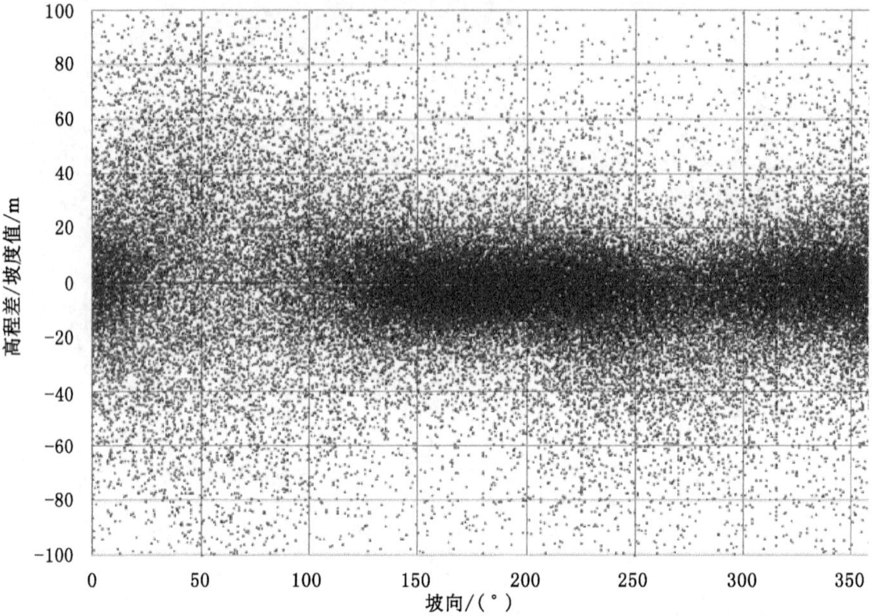

(c) 3#区域

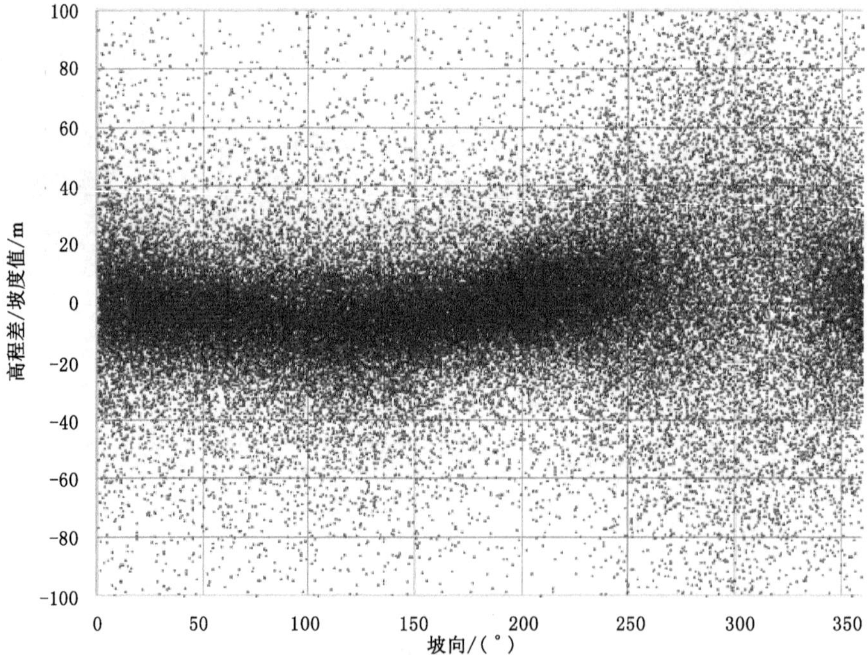

(d) 4#区域

图 5-3(续)

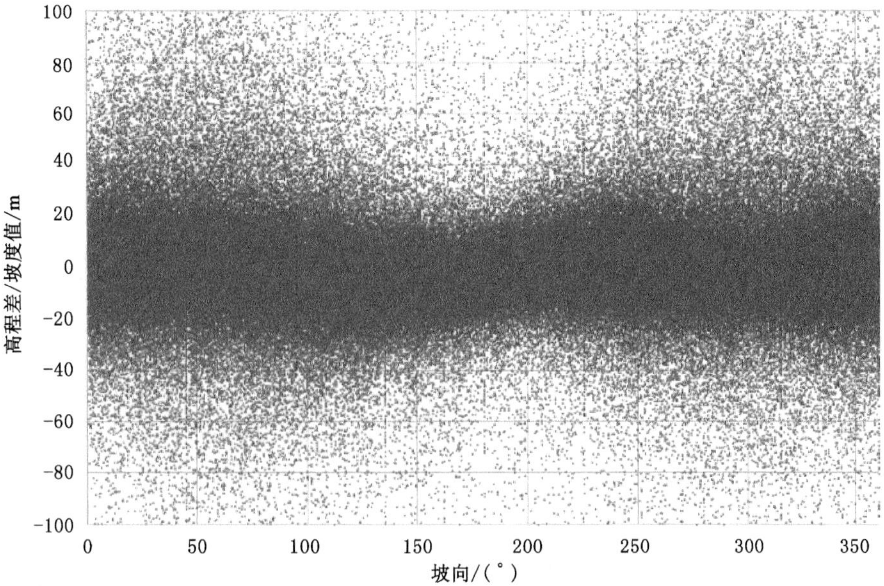

（e）5#区域

图 5-3(续)

了融合处理，说明 2＃和 5＃两个区域 X 波段的 SRTM DEM 更为可靠。因此，本书采用升降轨交叉处的两块 X 波段 SRTM DEM 进行 X 波段和 C 波段的雷达穿透性差异的估算。

（2）X 波段和 C 波段 SRTM DEM 差值后处理

该处理过程与 3.1 高程变化后处理一致，此处不再一一阐述。2＃和 5＃区域 X 波段和 C 波段 SRTM DEM 差值的均值，分别为 2.81 m 和 1.78 m，见图 5-5。因此，藏东南雷达穿透性差异改正值为 2.295 m。

（3）高程基准及精度评估

雷达 X 波段和 C 波段单个波段穿透性或两个波段穿透性差值一直是大地测量冰川学争论的焦点之一，主要原因是无论单个波段穿透性或两个波段穿透性差值的精确估算结果或模型尚无定论，严重影响了大地测量方法估算冰川物质平衡的结果。ICESat 测高数据提供了一种独立的高程数据，其高程精度在平坦区域为 0.1 m，在地形较为复杂区域高程精度为～1 m。对于 SRTM DEM 高程精度而言，ICESat 的高程精度足以用于 SRTM DEM 高程基准等工作，高程基准校正几何关系见图 5-6。

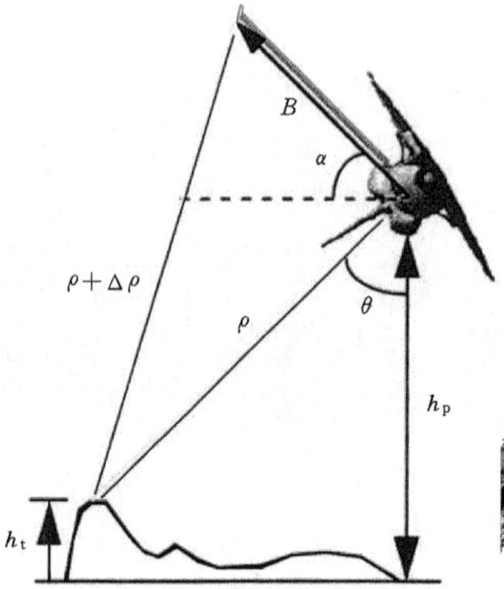

(a) SRTM航天飞机的成像几何关系

(b) 雷达透视收缩和叠掩形成的高程误差

图 5-4　SRTM 航天飞机照射方式及雷达在山地区域的照射

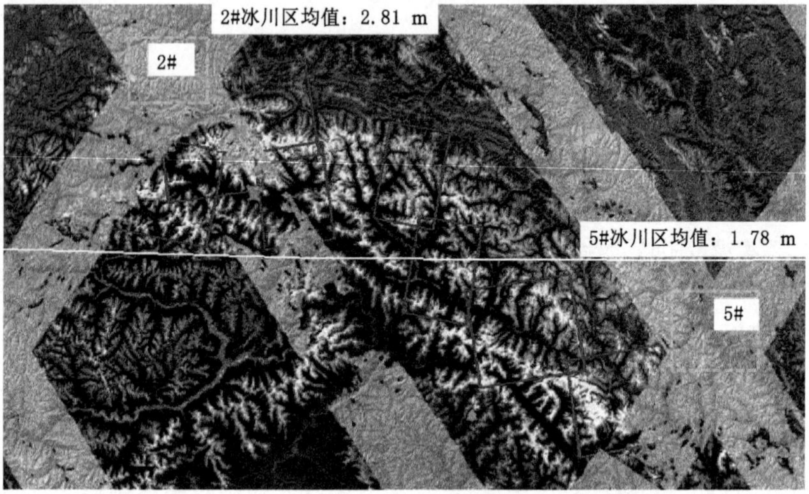

图 5-5　2＃和 5＃区域雷达穿透性差异值

雷达穿透性差异的 2＃区域，用于高程基准的 ICESat 点有 5 000 个左右，经过坡度筛选后，只有 46 个 ICESat 点参与高程基准校正。结合 X 波段和 C 波段 SRTM DEM，进行了相应的高程校正和统计，X 波段和 C 波段 SRTM DEM 差

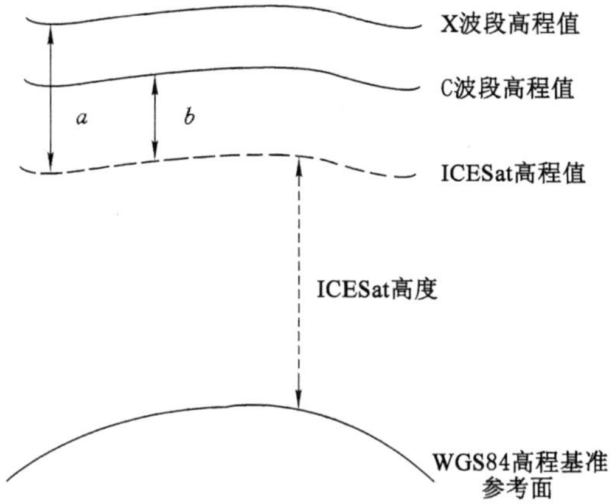

图 5-6　高程基准校正示意图

值的平均值 m 为 0.488 m，相应的标准差 STDEV 为±5.227 m，N_{eff}为 1 712 个点。

采用 Gardelle 等(2013)提供的评估方法，即：

$$\sigma_{\text{Penetration}}=\sqrt{m^2+\frac{\text{STDV}^2}{N_{\text{eff}}}} \tag{5-1}$$

因此，雷达穿透性差异的 2＃区域的不确定性 $\sigma_{\text{Penetration\_2}}$ 为±0.504 m。

本书采用同样的方法，对 5＃区域进行相应的处理和计算。ICESat 点经过预处理后有 2 400 个左右，经过坡度筛选后，只有 172 个 ICESat 点参与高程基准校正。结合 X 波段和 C 波段 SRTM DEM，进行了相应的高程校正和统计，X 波段和 C 波段 SRTM DEM 差值的平均值 m 为 0.153 m，相应的标准差 STDEV 为±4.967 m，N_{eff}为 4 908 个点。同样采用式(5-1)对高程基准进行了精度评估，最终得出雷达穿透性差异的 5＃区域的不确定性 $\sigma_{\text{Penetration\_5}}$ 为±0.169 m。

根据两块区域的面积权重，进行加权统计，$\sigma_{\text{Penetration}}$＝±0.181 m。因此，藏东南雷达穿透性差异改正值为(2.295±0.181) m。该雷达穿透性差异改正值与 Li 等 (2017)和 Gardelle 等 (2013)在该区域的雷达穿透性差异改正值较为接近，其雷达穿透性差异改正值分别为 1.67 m 和 1.7 m。

因此，采用此雷达穿透性差异改正值对藏东南 12 景 TanDEM-X 双站 InSAR 数据进行了雷达穿透性进行了改正，见表 5-3。

表 5-3 藏东南雷达穿透性改正值及改正后的冰川表面高程变化结果

数据获取日期	覆盖区域	高程变化/m	雷达改正值/m	改正后高程变化/m
2013-09-22	Bomi	−6.462±0.064	−2.295±0.181	−8.757±0.192
2014-09-16	Boshula_1	−7.830±0.050	−2.295±0.181	−10.125±0.188
2014-09-05	Boshula_2	−9.537±0.043	−2.295±0.181	−11.832±0.186
2014-01-15	Nenang_1	−7.695±0.047	−2.295±0.181	−9.990±0.187
2014-02-17	Nenang_2	−3.449±0.025	−2.295±0.181	−5.744±0.183
2014-02-06	Nenang_3	−5.037±0.038	−2.295±0.181	−7.332±0.185
2014-08-14	Parlung	−7.177±0.049	−2.295±0.181	−9.472±0.188
2013-08-20	Unknown_1	−5.953±0.055	−2.295±0.181	−8.248±0.189
2014-08-25	Yalong	−12.113±0.036	−2.295±0.181	−14.408±0.185
2011-12-20	Yigong_1	−3.545±0.026	−2.295±0.181	−5.840±0.183
2013-02-04	Yigong_2	−4.630±0.036	−2.295±0.181	−6.925±0.185
2011-12-20	Yigong_3	−5.196±0.036	−2.295±0.181	−7.491±0.185

5.3.2 藏东南冰川季节性改正

藏东南区域的冰川与青藏高原其他区域冰川的类型不同，藏东南大部分冰川属于春季积累型冰川，而最大的消融量又发生夏季，Yang 等 (2013)的花杆实测结果表明，2009 年 5 月底至 8 月底期间，Parlung 4 号冰川在夏季的 3 个月内冰川物质亏损了−4 800 mm w.eq.。因此，春季和夏季两个季节的冰川物质平衡量存在较大的差异。另外，藏东南研究区域中的 12 景 TanDEM-X 数据中 6 景数据获取日期在 8 月底左右，然而在估算该区域 2000—2014 年冰川物质平衡时，采用的 SRTM DEM 获取日期为 2000 年 2 月中旬。因此，为了获取较为精确的藏东南冰川物质平衡结果，必须对上述 6 景 TanDEM-X 双站 InSAR 获取的冰川物质平衡结果进行季节性改正。藏东南冰川物质平衡季节性改正试验区选取了 Parlung 4 号冰川，原因如下：首先，该冰川是藏东南已发表文献中有花杆实测季节性冰川物质平衡结果的冰川，虽然 Parlung 94 号冰川也有 12 个花杆实测结果，但其花杆实测结果只有每年 9 月份的结果，无法进行季节性的改正。图 5-7 为 Parlung 4 号冰川 2014 年某时期冰川表面高程变化结果。

Yang 等 (2013,2016)的 9 个实测花杆位于 4 800 m 左右位置。为了对比更加精确，对高程范围 4 790～4 810 m 区域的高程变化结果进行了掩膜处理，统计了该区域的高程变化均值，其值为−1.908 m。采用冰雪密度(900±17) kg/m^3 进行物质平衡估算，其结果为−1 717.2 mm w.eq.。Yang 等 (2013,

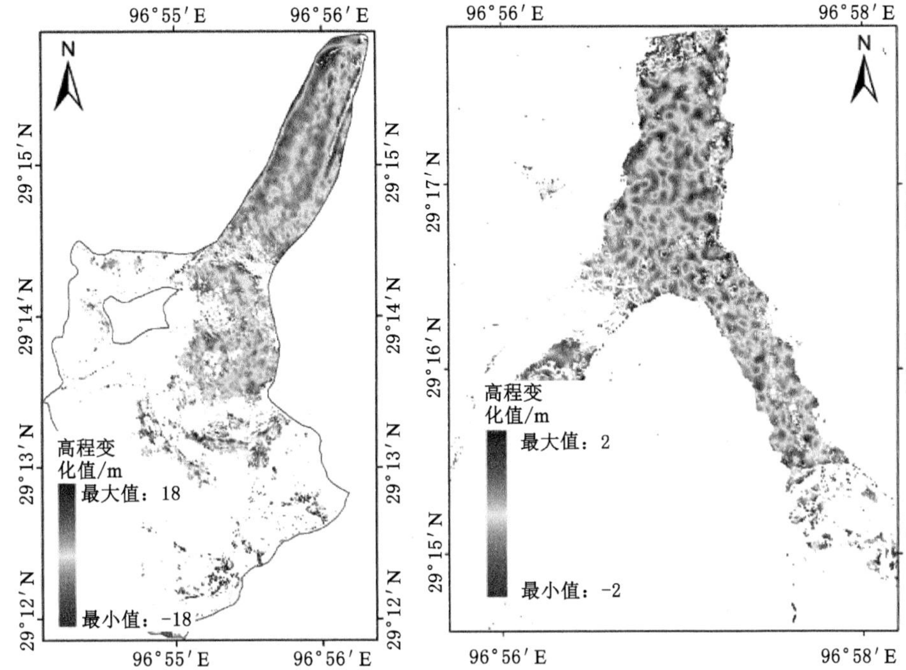

(a) Parlung 4号冰川区域　　(b) Parlung 4号非冰川区域

图 5-7　2014 年某时期冰川表面高程变化结果

2016)在 2009 年 5 月 25 日至 8 月 14 日实测花杆结果为－3 900 mm w.eq.,假设其花杆实测结果和本书的 TanDEM-X 双站 InSAR 估算结果相对可靠,可认为 2 月份至 5 月份的冰川物质增加 2 182.8 mm w.eq.,5 月份至 8 月份冰川物质亏损－3 900 mm w.eq.,而 2 月份至 8 月份冰川物质整体亏损－1 717.2 mm w.eq.。该结果与 Yang 等(2013,2016)中的描述一致,即该冰川为春季积累型冰川。

Wang 等 (2016)利用 ICESat 和 GARCE 数据获取藏东南 2003 年至 2009 年冰川季节性变化结果,2 月份至 5 月份冰川积累量为 2 000 mm w.eq.左右,5 月份至 9 月份冰川消融量为－4 000 w.eq.左右,与本书的双站 InSAR 结果基本一致。

为了进一步验证 Parlung 4 号冰川的季节物质平衡结果是否可靠,我们选取了该区域的非冰川区域进行了精度评估。非冰川区域的高程变化结果显示,高程变化范围在－2～2 m 之间,远小于冰川区域的高程变化结果。

根据式(5-1)对穿透性不确定性进行了估算,$\sigma_{\text{Penetration}}$ 为 0.199 m。因此,季节性改正值为(－1.908±0.199) m,对藏东南 6 景 TanDEM-X 双站 InSAR 冰川

表面高程变化结果进行了改正，见表 5-4。根据改正后的年数，计算季节改正后的冰川表面高程变化速率，见表 5-4。

表 5-4　藏东南季节改正值及改正后的冰川表面高程变化结果

覆盖区域	高程变化/m	季节改正值/m	改正后高程变化/m	年数	改正后高程变化速率/m
Bomi	−8.757±0.192	1.908±0.199	−6.849±0.277	13	−0.527±0.077
Boshula_1	−10.125±0.188	1.908±0.199	−8.217±0.274	14	−0.587±0.073
Boshula_2	−11.832±0.186	1.908±0.199	−9.924±0.272	14	−0.709±0.073
Nenang_1	−9.990±0.187	0	−9.990±0.187	14	−0.714±0.050
Nenang_2	−5.744±0.183	0	−5.744±0.183	14	−0.410±0.049
Nenang_3	−7.332±0.185	0	−7.332±0.185	14	−0.524±0.049
Parlung	−9.472±0.188	1.908±0.199	−7.564±0.273	14	−0.540±0.073
Unknown_1	−8.248±0.189	1.908±0.199	−6.340±0.275	13	−0.488±0.076
Yalong	−14.408±0.185	1.908±0.199	−12.500±0.271	14	−0.893±0.073
Yigong_1	−5.840±0.183	0	−5.840±0.183	12	−0.487±0.052
Yigong_2	−6.925±0.185	0	−6.925±0.185	13	−0.533±0.051
Yigong_3	−7.491±0.185	0	−7.491±0.185	12	−0.624±0.053

5.3.3　不确定性分析

不确定性分析是藏东南冰川表面高程变化估算结果的重要内容。该试验的不确定性主要包括冰川表面高程变化的不确定性 σ_{dh}、雷达穿透性差异改正的不确定性 $\sigma_{Penetration}$、季节性改正的不确定性 σ_{Season}、TDX 与 SRTM 高程基准的不确定性 σ_{Datum}。5.3.1 节和 5.3.2 节分别进行了冰川表面高程变化的不确定性评估、雷达穿透性差异改正的不确定性评估和季节性改正的不确定性评估，下面将进行 TDX 与 SRTM 高程基准的不确定性评估。

5.3.3.1　TDX 与 SRTM 高程基准的不确定性

TanDEM-X 双站 InSAR 和 SRTM DEM 的高程基准虽然都为 WGS84 大地高，但由于两个地形结果来源于不同的传感器，对于同一点但不同源的高程数据会存在一定的偏差，对估算冰川表面高程变化结果会存在一定的影响，因此，本书也对 TDX 与 SRTM 高程基准的不确定性 σ_{Datum} 进行了评估。

TDX 与 SRTM 高程基准的不确定性 σ_{Datum} 的评估与雷达穿透性差异 $\sigma_{Penetration}$ 的不确定性评估方法一致，均采用 Gardelle 等（2013）提供的评估方法，即：

$$\sigma_{\mathrm{Datum}} = \sqrt{m^2 + \frac{\mathrm{STDV}^2}{N_{\mathrm{eff}}}} \tag{5-2}$$

式中，m 为 TDX DEM 与 SRTM DEM 的非冰川区高程变化均值；STDV 为 TDX DEM 与 SRTM DEM 的非冰川区高程标准差；N_{eff}约为像元总个数的四十分之一。本书利用该方法对 12 景 TanDEM-X 双站 InSAR 的冰川表面高程变化结果进行了每景的 TDX 与 SRTM 高程基准的不确定性评估，见表 5-5。

表 5-5　TDX 与 SRTM 高程基准不确定性的评估结果

单景 TDX 覆盖区域	均值 m/m	标准差 STDV/m	N_{eff}	高程基准不确定性/m
Bomi	−0.643	2.028	9 316	±0.643
Boshula_1	−1.470	3.928	4 152	±1.471
Boshula_2	−0.815	3.016	5 750	±0.816
Nenang_1	0.489	3.351	1 925	±0.495
Nenang_2	0.018	3.536	523	±0.156
Nenang_3	−0.363	2.279	936	±0.371
Parlung	−0.428	2.208	844	±0.435
Unknown_1	−0.391	1.645	2 890	±0.392
Yalong	0.359	2.246	992	±0.366
Yigong_1	0.155	2.556	3 792	±0.160
Yigong_2	0.179	1.735	834	±0.189
Yigong_3	−0.170	1.342	4 922	±0.171

5.3.3.2　藏东南冰川表面高程变化结果的总不确定性估算

本书对冰川表面高程变化的不确定性 σ_{dh}、雷达穿透性差异改正的不确定性 $\sigma_{\mathrm{Penetration}}$、季节性改正的不确定性 σ_{Season}、TDX 与 SRTM 高程基准的不确定性 σ_{Datum} 四项不确定性进行了汇总，见表 5-6。

表 5-6　各类不确定性汇总

单景 TDX 覆盖区域	冰川表面高程变化的不确定性/m	雷达穿透性差异改正的不确定性/m	季节性改正的不确定性/m	高程基准的不确定性/m
Bomi	±0.064	±0.181	±0.199	±0.643
Boshula_1	±0.050	±0.181	±0.199	±1.471

表 5-6(续)

单景 TDX 覆盖区域	冰川表面高程变化的不确定性/m	雷达穿透性差异改正的不确定性/m	季节性改正的不确定性/m	高程基准的不确定性/m
Boshula_2	±0.043	±0.181	±0.199	±0.816
Nenang_1	±0.047	±0.181	0	±0.495
Nenang_2	±0.025	±0.181	0	±0.156
Nenang_3	±0.038	±0.181	0	±0.371
Parlung	±0.049	±0.181	±0.199	±0.435
Unknown_1	±0.055	±0.181	±0.199	±0.392
Yalong	±0.036	±0.181	±0.199	±0.366
Yigong_1	±0.026	±0.181	0	±0.160
Yigong_2	±0.036	±0.181	0	±0.189
Yigong_3	±0.036	±0.181	0	±0.171

本书在获取藏东南每景 TanDEM-X 双站 InSAR 的各项不确定性结果后，为了估算较为合理的藏东南整体冰川物质平衡的总不确定性，对存在重叠的 TDX 数据进行融合处理，例如 Boshula_1、Boshula_2 合并为 Boshula 一个区域，Yigong_1、Yigong_2、Yigong_3 合并为 Yigong 一个区域。12 景 TanDEM-X 双站 InSAR 数据融合为 Bomi、Boshula、Nenang、Parlung & Yalong、Unknown、Yigong 共 6 个区域。根据 6 个区域的冰川表面高程变化的不确定性 σ_{dh}、雷达穿透性差异改正的不确定性 $\sigma_{Penetration}$、季节性改正的不确定性 σ_{Season}、TDX 与 SRTM 高程基准的不确定性 σ_{Datum}，以冰川面积作为权重，计算了藏东南冰川表面高程变化结果的各项总不确定性，见表 5-7。

表 5-7　藏东南整体各项的不确定性

覆盖区域	冰川表面高程变化的不确定性/m	雷达穿透性差异改正的不确定性/m	季节性改正的不确定性/m	高程基准的不确定性/m	面积权重
Bomi	±0.064	±0.181	±0.199	±0.643	0.042
Boshula	±0.033	±0.128	±0.141	±0.863	0.142
Nenang	±0.019	±0.112	0	±0.169	0.218
Parlung & Yalong	±0.029	±0.131	±0.144	±0.281	0.166
Unknown	±0.055	±0.181	±0.199	±0.392	0.046
Yigong	±0.019	±0.105	0	±0.100	0.247
各项不确定性统计	±0.010	±0.047	±0.034	±0.142	

由表 5-7 可知，冰川表面高程变化的总不确定性 σ_{dh} 为±0.010 m，雷达穿透性差异改正的总不确定性 $\sigma_{\mathrm{Penetration}}$ 为±0.047 m，季节性改正的总不确定性 σ_{Season} 为±0.034 m，TDX 与 SRTM 高程基准的总不确定性 σ_{Datum} 为±0.142 m。因此，根据总的不确定性计算公式：

$$\sigma_{\mathrm{Uncertainty}}^2=\sigma_{\mathrm{dh}}^2+\sigma_{\mathrm{Penetration}}^2+\sigma_{\mathrm{Season}}^2+\sigma_{\mathrm{Datum}}^2 \tag{5-3}$$

因此，藏东南冰川表面高程变化结果的总不确定性 $\sigma_{\mathrm{Uncertainty}}$ 为±0.233 m。

5.3.4　藏东南冰川表面高程变化和冰川物质平衡结果

本书在获取藏东南每景 TanDEM-X 双站 InSAR 的冰川表面高程变化结果后，对存在重叠的 TDX 数据进行融合处理，见图 5-8～图 5-13。根据 6 个区域的冰川表面高程变化速率，以冰川面积作为权重，计算了藏东南整体的冰川表面高程变化结果，即(−0.505±0.062) m/yr。根据 Gardelle 等 (2013)采用的冰雪密度模型(900 ± 17) kg/m³，藏东南整体冰川物质平衡结果为(−454.5±64.385) mm w.eq.，见表 5-8。

图 5-8　Bomi 区域 2000—2014 年冰川表面高程变化结果

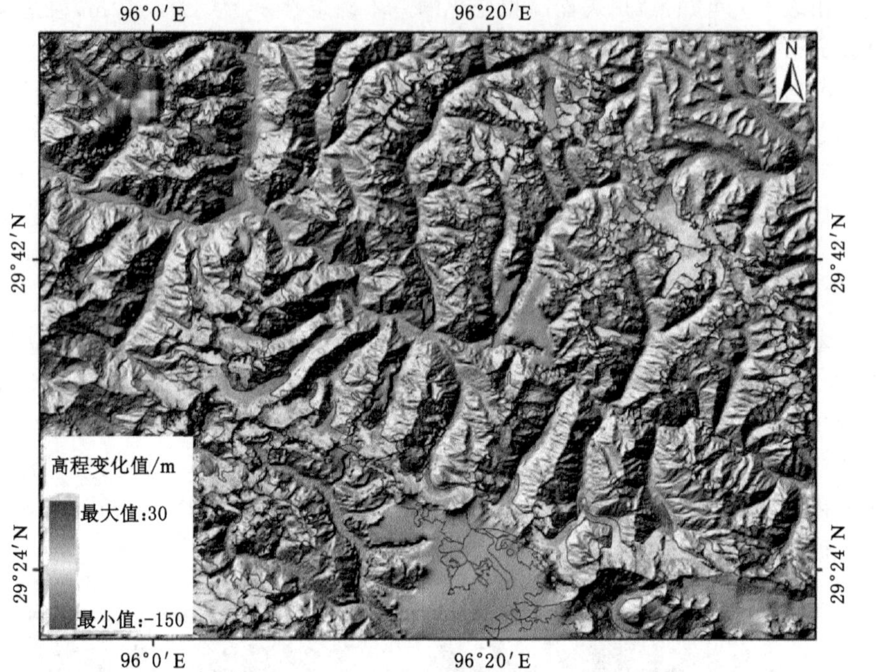

图 5-9　Boshula 区域 2000—2014 年冰川表成高程变化结果

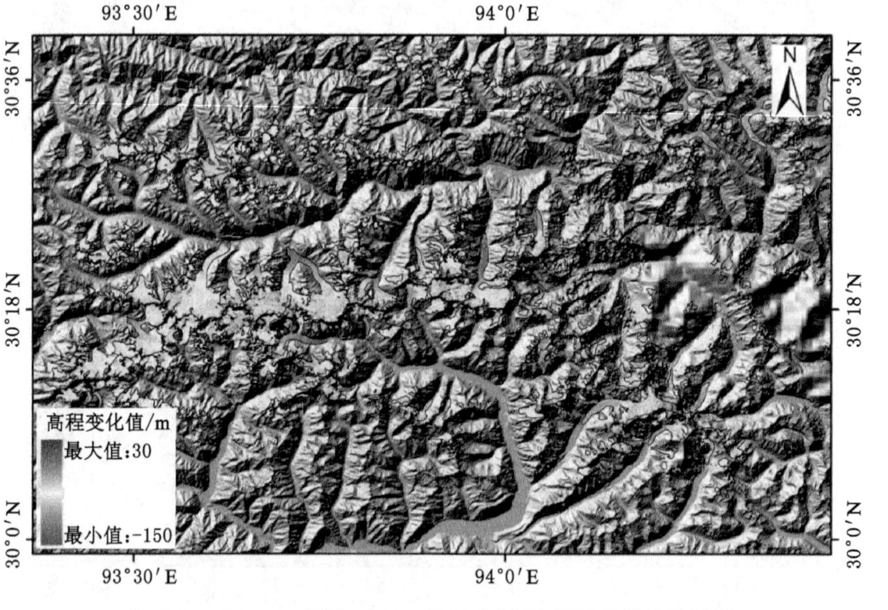

图 5-10　Nenang 区域 2000—2014 年冰川表面高程变化结果

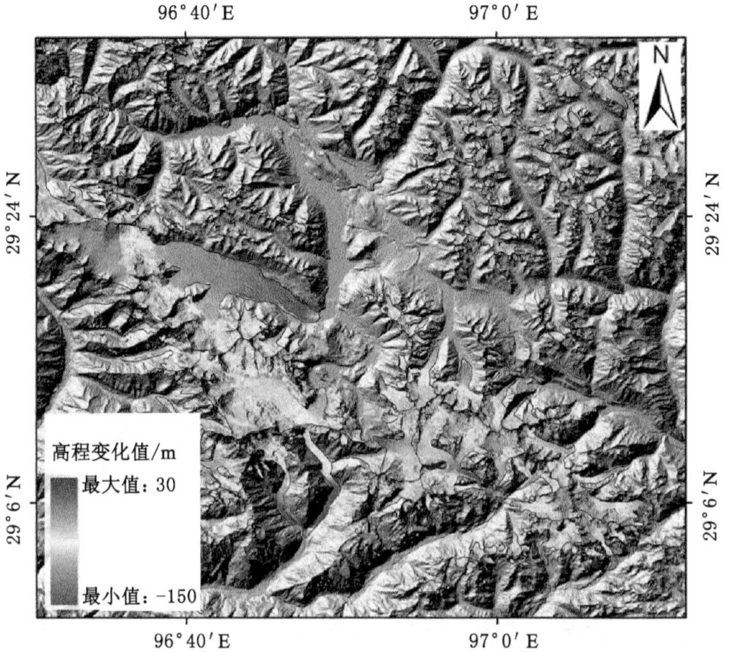

图 5-11　Parlung&Yalong 区域 2000—2014 年冰川表面高程变化结果

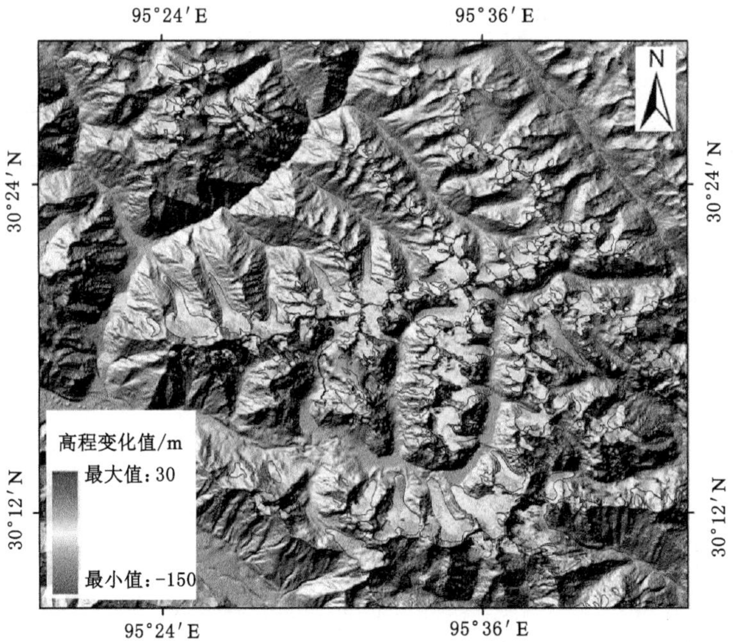

图 5-12　Unknown 区域 2000—2014 年冰川表面高程变化结果

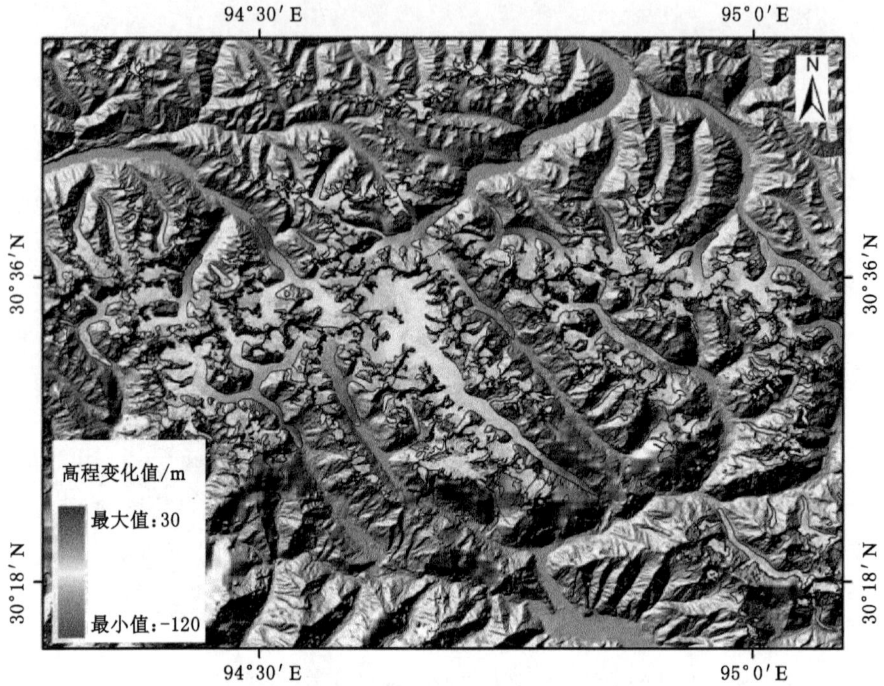

图 5-13　Yigong 区域 2000—2014 年冰川表面高程变化结果

表 5-8　藏东南整体冰川表面高程变化及冰川物质平衡估算结果

覆盖区域	各项改正后的高程变化速率/(m/yr)	面积权重	整体冰川高程变化速率/(m/yr)	整体冰川物质平衡/mm w.eq.
Bomi	−0.527	0.042	−0.505±0.062	−454.5±64.385
Boshula	−0.645	0.142		
Nenang	−0.503	0.218		
Parlung & Yalong	−0.757	0.166		
Unknown	−0.488	0.046		
Yigong	−0.540	0.247		

由图 5-8～图 5-13 可知，藏东南几乎所有冰川处于强烈的消融状态，这与该区域所受的气候影响有关，即受到印度洋季风的影响，导致该区域温度升高，降水增多，冰川消融强烈。

5.3.5　与已发表结果比较

藏东南作为高亚洲冰川的研究热点区域之一，无论是传统冰川学方法或大地测量技术手段，譬如ICESat测高、SPOT-5光学立体像对、双站InSAR等大地测量的技术手段，以及传统冰川学的花杆实地测量和基于气象站的能量物质平衡估算方法，在该区域都已获得了冰川物质平衡结果(Brun et al.,2017;Yang et al.,2013,2016;Neckel et al.,2014,2017;Gardner et al.,2013;Kääb et al.,2015;Gardelle et al.,2013)。

Kääb等(2015)、Neckel等(2014)、Gardner等(2013)利用ICESat测高估算了藏东南的冰川物质平衡。为了与多数已发表的结果一致，冰川物质平衡结果已转换为对应的冰川表面高程变化，上述三者估算的藏东南冰川高程变化年速率分别为(−1.34±0.29) m/yr、(−0.81±0.32) m/yr和(−0.30±0.13) m/yr，见表5-9。本书试验结果为(−0.505±0.062) m/yr，介于Neckel和Gardner结果之间。结果差异的原因除了采用的数据外，还有试验数据的时间跨度也不同，ICESat运行时间范围为2003—2009年，上述三者采用的ICESat测高数据时间跨度为卫星的运行时间范围，而本书采用的数据为2000年的SRTM DEM数据和多数为2014年的TanDEM-X双站InSAR数据，本书数据的时间跨度为2000—2014年。另外，由于ICESat数据本身的高离散度等固有缺陷，不同研究利用ICESat估算的藏东南冰川物质平衡结果也存在较大的差异。

表5-9　与已发表的大地测量手段获取的冰川物质平衡估算结果对比

本书估算结果与已发表的大地测量法估算结果	冰川表面高程变化年速率/(m/yr)
本书结果	−0.505±0.062
Fanny等(2017)	−0.730±0.230
Neckel等(2017)	−0.500±0.570 −0.580±0.570 −0.670±0.570 −1.190±0.570 −1.400±0.570
Gardelle等(2013)	−0.390±0.160
Kääb等(2015)	−1.340±0.290
Neckel等(2014)	−0.810±0.320
Gardner等(2013)	−0.300±0.130 −0.400±0.410

Gardelle 等(2013)利用 SPOT-5 光学立体像对数据和 C 波段的 SRTM DEM 估算了藏东南冰川物质平衡,其试验区域位于藏东南西北部分,试验区域覆盖的面积约为整个藏东南的五分之一。Gardelle 估算的冰川表面高程变化结果为(−0.39±0.16) m/yr,与本书的试验结果(−0.505±0.062) m/yr 相比偏小,产生偏差的原因可能为 Gardelle 选取的试验区域只是藏东南的一部分区域,且试验区域位于藏东南西北部分。根据本书研究的藏东南 5 级子流域冰川物质平衡空间分布情况,藏东南冰川从东南方向到西北方向,冰川物质平衡呈现递减趋势,下一节会详细阐述藏东南冰川物质平衡的空间差异分布规律。另外,Gardelle 采用的 SPOT-5 立体像对数据获取时间多数为 2011 年,其时间跨度为 2000—2011 年,而本书试验的时间跨度为 2000—2014 年,因此,两者结果存在一定的偏差。

Fanny 等(2017)采用 2000—2016 年的 ASTER 光学立体像对数据估算了藏东南的冰川物质平衡,其结果为(−0.73±0.23) m/yr。与雷达数据相比,ASTER光学立体像对数据的在冰川表面高程变化估算方面的优势是没有穿透性,但光学立体像对数据也存在严重的成像缺陷,即在冰川表面均一的积雪区,尤其是冰川的积累区,光学立体像对影像中存在过饱和现象,导致无法获取冰川表面的高程信息。对于缺少积累区的 ASTER 冰川表面高程变化结果而言,其估算的结果会存在偏大的现象。另外,本书试验的数据时间跨度与 Fanny 等(2017)的 ASTER 数据时间跨度不一致,也是其估算结果偏大的原因之一。

Neckel 等(2017)采用 TanDEM-X 双站 InSAR 和 C 波段 SRTM DEM 获取藏东南 Unknown I、Zepu、Unknown II、Maguolong、Guanxing 5 条冰川的 2000—2014 年的表面高程变化结果,分别为(−0.50±0.57) m/yr、(−0.58±0.57) m/yr、(−0.67±0.57) m/yr、(−1.19±0.57) m/yr、(−1.40±0.57) m/yr。与本书的(−0.505±0.062) m/yr 结果相比,前三条冰川表面高程变化结果较为一致,而最后两条结果相对较大,产生这样的原因可能为本书试验的结果是整体藏东南冰川表面高程变化结果,而 Neckel 等(2017)的结果仅为藏东南冰川中的 5 条冰川,受局地因素影响,冰川表面高程变化结果会存在较大的差异性。另外,Neckel 等(2017)采用雷达穿透性差异改正为 Kääb 等(2015)采用的雷达穿透性改正值(8.5±1.5) m,而本书的雷达穿透性改正值为(2.295±0.181) m,这可能是 Neckel 等(2017)结果偏大的原因之一。

Yang 等(2013,2016)利用藏东南的 Parlung 4 号冰川表面 9 根花杆实测数据估算了冰川物质平衡结果,即 Parlung 4 号冰川在 2009 年 5 月 25 日至 8 月 14 日期间冰川物质亏损量为−3 900 mm w.eq.。Yang 等(2013,2016)也采用该冰川表面安装的气象站数据譬如温度、降水等气象参数进行能量物质平衡的反演，估算了 Parlung 4 号冰川在该期间的冰川物质平衡结果，与花杆实测数据估算的冰川物质平衡一致。因此，根据实测的 Parlung 4 号冰川物质平衡结果以及冰雪密度(900±17) kg/m^3，换算冰川表面高程变化结果为－4.333 m。本书利用 2 月份和 8 月份两景 TanDEM-X 双站 InSAR 数据计算了该冰川 2 月份至 8 月份冰川表面高程变化结果，为(－1.908 ±0.199) m，见表 5-10。假定 2014 年和 2009 年的春季与夏季冰川相差不大，2 月份至 5 月份的冰川表面高程增加 2.425 m，表明该冰川为春季积累型冰川，与 Yang 等研究的 Parlung 4 号冰川为春季积累型冰川的描述一致。

表 5-10　与已发表的传统冰川学手段获取的冰川物质平衡估算结果对比

估算结果类型	Parlung 4 号冰川
实测冰川物质亏损速率/m	－4.333(夏季)
本试验年冰川物质亏损速率/m	－1.908±0.199

5.4　冰川物质平衡空间差异及其对气候变化的响应

5.4.1　藏东南冰川物质平衡空间差异性

藏东南地区受印度洋季风的影响，温度升高导致该区域冰川消融强烈。但从藏东南边缘到内部，印度洋季风逐渐减弱，因此，藏东南冰川消融程度也会有所不同，呈现出一定空间差异的分布特征。

目前，已发表的文献中还没有藏东南整体的冰川物质平衡空间分布结果。我们采用第二次冰川编目中的 5 级流域数据对本书基于 TanDEM-X 双站 InSAR 的藏东南的冰川物质平衡结果进行了子流域划分，分别统计了 17 个子流域冰川表面高程变化值、高程变化速率、流域面积和流域平均海拔，进而研究藏东南冰川物质平衡的空间差异性，见表 5-11 和图 5-14。

表 5-11　藏东南 5 级流域的冰川表面高程变化结果

流域 ID	高程变化值/m	流域面积/km^2	流域平均海拔/m	高程变化速率/(m/yr)
5N223F	－11.892	69.284	5 385	－0.849±0.062
5N224B	－10.352	63.735	5 358	－0.739±0.062
5N224E	－12.960	14.628	5 216	－0.926±0.062
5N225E	－9.840	250.750	5 198	－0.703±0.062

表 5-11(续)

流域 ID	高程变化值/m	流域面积/km^2	流域平均海拔/m	高程变化速率/(m/yr)
5O272B	−7.738	853.094	5 160	−0.553±0.062
5O280B	−5.245	19.057	4 708	−0.375±0.062
5O280C	−6.686	150.581	4 794	−0.478±0.062
5O281A	−5.982	1 043.811	5 165	−0.427±0.062
5O281B	−7.784	2 219.314	5 008	−0.556±0.062
5O282A	−8.078	1 456.392	4 985	−0.577±0.062
5O282B	−11.767	886.034	4 963	−0.841±0.062
5O283A	−7.138	28.450	4 707	−0.510±0.062
5O283B	−4.539	185.395	4 727	−0.324±0.062
5O290B	−5.249	97.952	4 647	−0.375±0.062
5O291A	−1.130	109.706	4 738	−0.081±0.062
5O291B	−9.792	999.400	4 950	−0.699±0.062
Unknown	−9.332	14.765	—	−0.667±0.062

根据《简明中国冰川目录》中流域划分原则，对本书中的流域 ID 进行简要说明，以流域 ID“5N223F”为例，其中“5”为亚洲代号，“N”“2”“2”“3”“F”为分别一级流域编码、二级流域编码、三级流域编码、四级流域编码、五级流域编码。本书的 17 个 5 级子流域主要分为两大类，即 5N 怒江流域和 5O 恒河流域。其中 Unknown 区域为第二次冰川编目中漏编的一小块冰川区域，面积仅为 14.765 km^2。由于该 Unknown 区域面积相对其他 5 级子流域面积较小，不影响冰川物质平衡空间分布结果。

图 5-14 展示了藏东南冰川物质平衡的空间分布。整体而言，与受西风带影响的祁连山西部冰川相比，藏东南整体冰川消融更为强烈，主要原因为藏东南冰川受印度洋季风的影响。另外，从东南到西北方向，藏东南冰川消融速率呈现出由东南到西北逐渐递减趋势。选取了平均海拔相近的 5O282B、5O282A 和 5O281B 共 3 个子流域进行了冰川消融速率对比，见图 5-15。

图 5-15 显示，海拔相近的 3 个子流域，自东南到西北，其高程年变化速率逐渐减少，主要原因为印度洋季风沿雅鲁藏布江，首先受到影响的是藏东南的东南部分。因此，5O282B 及其附近的 5O282A 和 5O281B 等东南部的子流域呈现相对较高的冰川年变化速率，而沿西北方向印度洋季风影响逐渐减弱。综上，东南到西北方向冰川变化规律产生的主要原因是印度洋季风影响程度不同。

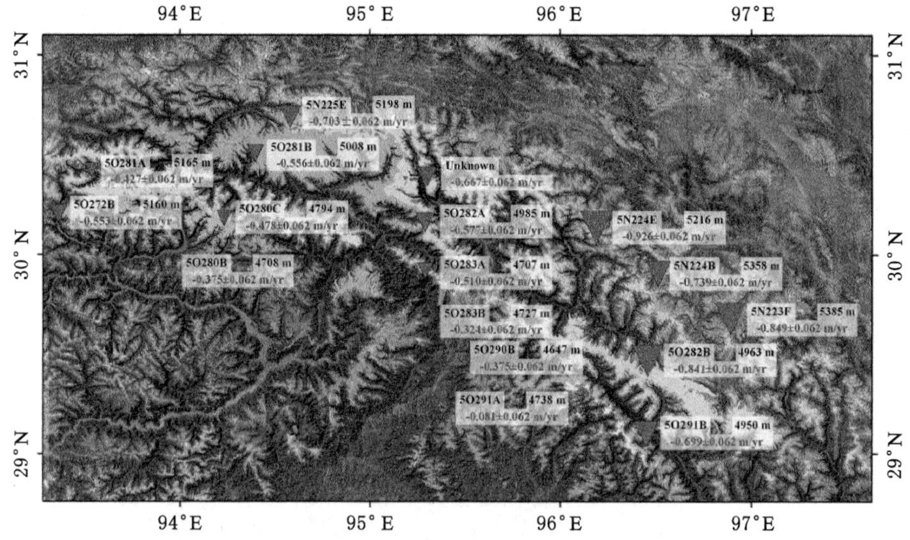

图 5-14　基于 5 级流域划分的藏东南冰川物质平衡空间分布

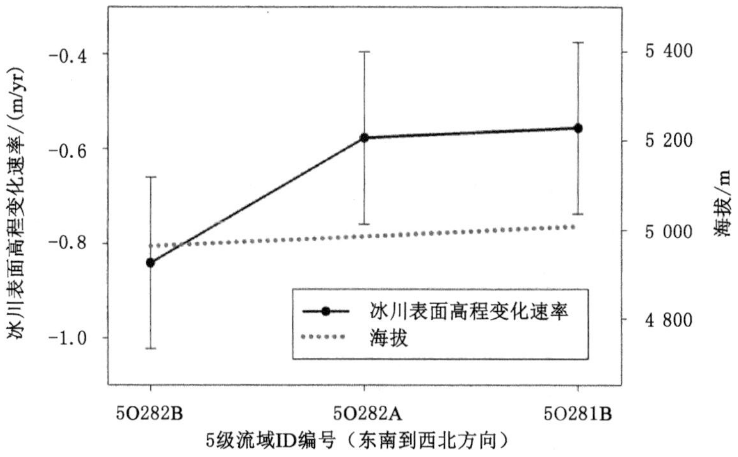

图 5-15　东南到西北方向冰川消融速率趋势图

5.4.2　藏东南冰川物质平衡对于印度洋季风的响应

藏东南位于青藏高原的东南部，受印度洋季风和西风带的影响，西风带沿高亚洲边缘进入藏东南，但对藏东南影响较小，见图 5-16。藏东南主要受印度洋季风的影响，大部分冰川属于海洋型冰川，与大陆型冰川相比，该类型冰川的特征为高积累、高消融及对气候变化十分敏感。近几十年受全球气温上升影响，该区域冰川消融强烈，但该区域的冰川对印度洋季风的响应关系仍不清楚。

印度洋季风沿雅鲁藏布江进入藏东南，受印度洋季风影响最为明显的是5O282B、5O282A 和 5O281B 等东南部的子流域。

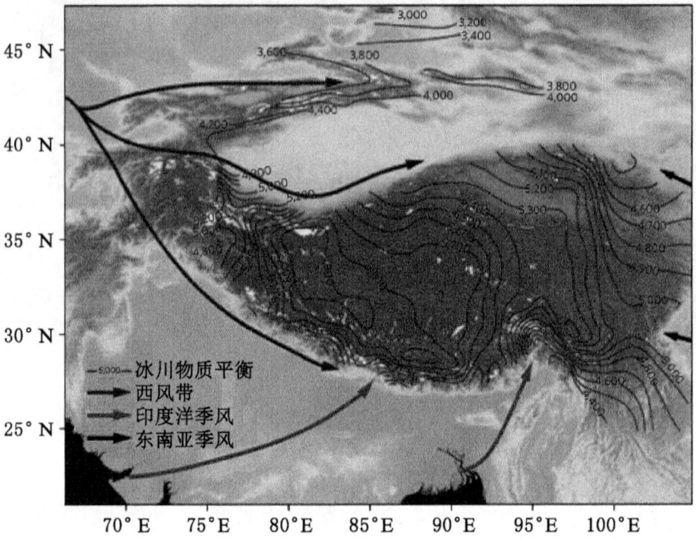

图 5-16　高亚洲印度洋季风和西风带影响分布图

本书采用中国区域地面气象要素数据集提供的水平空间分辨率 0.1°×0.1°的近地面气温和地面降水率气象数据，获取了藏东南 2000—2014 年的近地面气温和地面降水变化空间分布图，见图 5-17 和图 5-18。

由图 5-17 可知，藏东南的东南部分温度年变化速率呈上升趋势，而藏东南的西北部分温度年变化速率较小，与藏东南冰川消融速率空间分布一致，即藏东南冰川消融速率从东南到西北呈逐渐减小状态。

由图 5-18 可知，藏东南的东南部分降水呈上升趋势，而藏东南的西北部分降水呈下降趋势，与藏东南冰川消融速率空间分布一致。

由此可见，藏东南冰川消融速率的空间分布特征主要受温度和降水共同影响。

另外，我们对本书得出的藏东南冰川变化结果与前人得到的气象站数据结果进行了对比。Yang 等（2016）利用青藏高原东南部 91 个气象站数据对1996—2010 年温度趋势进行了分析，位于藏东南东南部的气温上升速率高于西北部的气温变化速率，与印度洋季风影响一致，同时也与藏东南冰川东南到西北

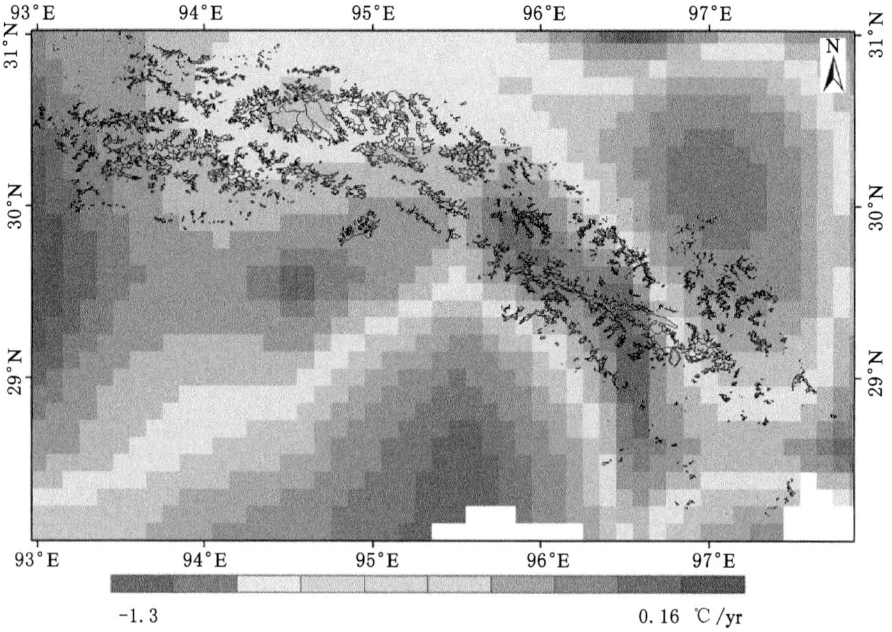

图 5-17　藏东南 2000—2014 年近地面气温变化空间分布图

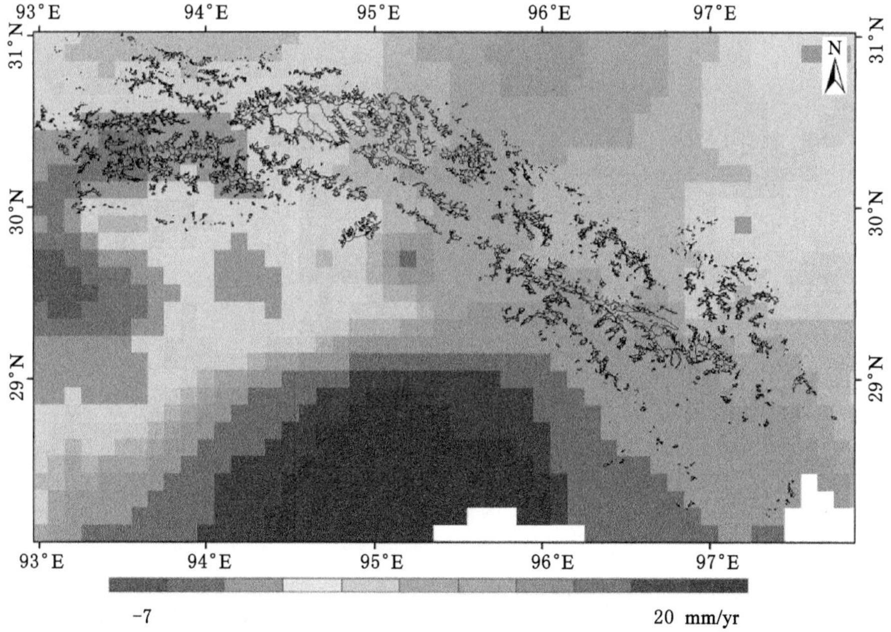

图 5-18　藏东南 2000—2014 年地面降水变化空间分布图

冰川空间差异性一致，即温度上升越快，冰川消融速率相对越大。

5.5 本章小结

本章主要研究了藏东南海洋型冰川物质平衡空间差异性及对气候变化的响应。我们采用山地冰川物质平衡估算方法和 12 景 TanDEM-X 双站 InSAR 数据获取了藏东南 2000—2014 年的冰川表面高程变化结果，并对该结果进行了季节性改正、雷达穿透性改正以及相应的不确定性评估。采用 5 级流域数据划分得到藏东南冰川的 17 个子流域，重点分析了该区域冰川物质平衡的空间差异性，结果显示：藏东南冰川消融速率从东南方向到西北方向呈现逐渐减小的趋势。在此基础上，本书利用温度和降水等气候数据进行了冰川与气候变化响应关系的研究，结果表明：2000—2014 年期间，藏东南冰川消融速率的空间分布特征主要受温度和降水共同影响，即冰川消融速率与温度和降水变化成正相关。

第 6 章　总结与展望

6.1　全书总结

随着合成孔径雷达技术的发展，尤其以 2010 年德国航空航天中心 TanDEM-X 科学计划和 2000 年美国国家航空航天局 SRTM 航天计划为代表的双站 InSAR，不仅具有全天时、全天候的雷达成像能力，而且其高分辨率的成像特点使其能够更加精确研究高亚洲的冰川表面高程变化及冰川物质平衡。本书提出了一种 TanDEM-X 双站 InSAR 冰川表面高程变化生成算法，在此基础上，完善了山地冰川物质平衡估算方法，并分别以高亚洲的祁连山极大陆型冰川和藏东南海洋型冰川为试验区域，研究了冰川物质平衡及其对气候响应关系。主要研究成果如下：

(1) 提出了一种 TanDEM-X 双站 InSAR 冰川表面高程变化生成算法，完善了山地冰川物质平衡估算方法。

针对 TanDEM-X 双站 InSAR 干涉条纹过密影响了相位解缠效率和常规滤波方法降噪能力较弱的问题，本书提出了一种 TanDEM-X 双站 InSAR 冰川表面高程变化生成算法，即对 TDX/TSX 干涉相位与 SRTM DEM 模拟相位进行差分处理，引入非局部均值差分相位滤波方法，抑制了差分相位的噪声水平并提高了地形信息的细节保持能力，获取了更为可靠的冰川表面高程变化结果。在此基础上，通过对冰川表面高程变化结果的季节性改正、雷达穿透性改正以及各项改正引入的误差源分析，完善了山地冰川物质平衡估算方法。

(2) 发现了祁连山西部山地冰川近十几年处于较为强烈冰川物质亏损状态。同时也验证了 TanDEM-X 双站 InSAR 冰川表面高程变化生成算法和山地冰川物质平衡估算方法的可靠性。

本书采用上述方法和双站 InSAR 数据生成了祁连山西部山地冰川第一个高分辨率、高精度 DEM 地形结果，并利用 ICESat 测高数据对常规滤波方法和 NL 滤波方法的 TDX DEM 结果进行了精度评估，结果表明：NL 滤波方法优于常规滤波方法。另外，我们采用差分 DEM 和差分相位两种方法估算了 2000—

2013 年的冰川表面高程变化结果，并对结果进行了不确定性评估，评估结果显示：差分相位方法优于差分 DEM 方法。因此，差分相位方法和 NL 滤波组合方法能够获取更为可靠的冰川表面高程变化结果。在此基础上，本书估算了祁连山西部整体山地冰川的表面高程变化结果和冰川物质平衡结果，分别为(−2.823±1.065) m 和(−195.44±73.82) mm w.eq.a^{-1}，上述结果表明：祁连山西部山地冰川近十几年处于较为强烈冰川物质亏损状态。另外，GNSS 和 SRTM DEM 的高程变化结果也验证了上述结果的可靠性。

(3) 探明了 2000—2014 年藏东南冰川物质平衡的空间分布特征，主要与温度和降水密切相关。

本书采用山地冰川物质平衡估算方法和 12 景 TanDEM-X 双站 InSAR 数据获取了藏东南 2000—2014 年的冰川表面高程变化结果，并对该结果进行了季节性改正、雷达穿透性改正以及相应的不确定性评估。采用 5 级流域数据划分得到藏东南冰川的 17 个子流域，重点分析了该区域冰川物质平衡的空间差异性，结果显示：藏东南冰川消融速率从东南方向到西北方向呈现逐渐减小的趋势。在此基础上，本书利用温度和降水等气候数据研究了冰川对气候变化的响应关系，结果表明：2000—2014 年期间，藏东南冰川物质平衡的空间分布特征主要受温度和降水的共同影响，即冰川消融速率与温度和降水变化成正相关。

6.2 研究展望

根据以上研究工作，今后应进一步开展的工作有：

(1) 进一步完善冰川物质平衡估算方法。冰川物质平衡估算中仍存在一些需要改进的地方，譬如，雷达穿透性是冰川物质平衡估算中非常重要的改正，不仅高程变化改正值较大，也是不确定性最大的一项。因此，今后工作中要改善雷达穿透性改正的方法，譬如，加入随高程变化而变化的雷达穿透性改正值等。

(2) 时间序列的冰川物质平衡。本书中冰川物质平衡结果为两个时间段内的冰川物质平衡，对于这段时间内年际的高程变化结果或季节性变化结果尚不得知。因此，需增加其他技术手段，比如 SPOT-5、ASTER 光学立体像对 DEM 来获取冰川的时间序列物质平衡结果，这对研究冰川变化规律具有重要的科学意义。

(3) 大区域范围冰川物质平衡及其对气候变化的响应。本书研究区域相对较小，尚未获取整个高亚洲冰川物质平衡的空间差异性。因此，在已有工作基础上，扩大研究区域到喜马拉雅、喀喇昆仑、帕米尔等高亚洲区域，获取大区域范围冰川物质平衡并探索其对气候变化的响应，将进一步增进对冰川变化机制的认识。

参考文献

陈记祖，秦翔，吴锦奎，等，2014.祁连山老虎沟12号冰川表面能量和物质平衡模拟[J].冰川冻土，36(1)：38-47.

程亮，龚健雅，韩文泉，2009.LiDAR与影像集成的真实感建筑物三维重建研究进展[J].测绘科学，34(1)：21-24.

崔祥斌，孙波，田钢，等，2009.冰雷达探测研究南极冰盖的进展与展望[J].地球科学进展，24(4)：392-402.

丁明虎，效存德，明镜，等，2009.南极冰盖表面物质平衡实测技术综述[J].极地研究，21(4)：308-321.

杜文涛，秦翔，孙维君，等，2011.山地冰川区气温重建比较研究——以祁连山老虎沟冰川区为例[J].干旱区资源与环境，25(10)：149-154.

郭华东，2000.雷达对地观测理论与应用[M].北京：科学出版社.

蒋厚军，2012.高分辨率星载InSAR技术在DEM生成及更新中的应用研究[D].武汉：武汉大学.

蒋厚军，廖明生，张路，等，2011.高分辨率雷达卫星COSMO-SkyMed干涉测量生成DEM的实验研究[J].武汉大学学报(信息科学版)，36(9)：1055-1058.

康尔泗，1996.高亚洲冰冻圈能量平衡特征和物质平衡变化计算研究[J].冰川冻土，增刊：12-22.

李德仁，楚良才，胡孝沁，1993.1988—1992年中国摄影测量与遥感的进展[J].测绘学报，22(1)：1-19.

李德仁，刘良明，胡晓沁，2001.1996—2000年中国摄影测量与遥感进展[J].测绘学报，30(2)：117-126.

李建成，宁津生，晁定波，等，2006.卫星测高在大地测量学中的应用及进展[J].测绘科学，31(6)：19-23.

廖明生，林珲，2003.雷达干涉测量：原理与信号处理基础[M].北京：测绘出版社.

廖明生，田馨，赵卿，2007.TerraSAR-X/TanDEM-X雷达遥感计划及其应用[J].测绘信息与工程，2007，32(2)：44-46.

秦大河，2014.冰冻圈科学辞典[M].北京：气象出版社.

施雅风,2005.简明中国冰川目录[M].上海:科学普及出版社.

孙维君,秦翔,徐跃通,等,2011.祁连山老虎沟12号冰川辐射各分量年变化特征[J].地球科学进展,26(3):347-354.

谢自楚,张金华,1988.中国冰川的物质平衡[M]//中国科学院兰州冰川冻土研究所.中国冰川概论.北京:科学出版社.

许厚泽,2001.卫星重力研究:21世纪大地测量研究的新热点[J].测绘科学,26(3):1-3.

许厚泽,周旭华,彭碧波,2005.卫星重力测量[J].地理空间信息,3(1):1-3.

杨大庆,刘潮海,王纯足,等,1992.冰川积累量测量和计算方法研究[J].冰川冻土,14(1):1-9.

姚檀栋,刘时银,蒲健辰,等,2004.高亚洲冰川的近期退缩及其对西北水资源的影响[J].中国科学D辑:地球科学,34(6):535-543.

袁乐先,2016.ICESat测高卫星在极区的典型应用研究[D].武汉:武汉大学.

张祖勋,张剑清,2003.城市建模的途径与关键技术[J].世界科技研究与发展,25(3):23-29.

朱传东,2016.卫星重力和卫星激光测高在探测高亚洲冰川质量平衡变化中的应用研究[D].北京:中国科学院大学.

ABERMANN J,LAMBRECHT A,FISCHER A,et al.,2009.Quantifying changes and trends in glacier area and volume in the Austrian Ötztal Alps(1969-1997-2006)[J].The cryosphere,3:205-215.

AZAM M F,WAGNON P,RAMANATHAN A,et al.,2012.From balance to imbalance:a shift in the dynamic behaviour of Chhota Shigri glacier,western Himalaya,India[J].Journal of glaciology,58(208):315-324.

BARRAND N E,MURRAY T,JAMES T D,et al.,2009.Optimizing photogrammetric DEMs for glacier volume change assessment using laser-scanning derived ground-control points[J].Journal of glaciology,55(189):106-116.

BERTHIER E,ARNAUD Y,VINCENT C,et al.,2006.Biases of SRTM in high-mountain areas:implications for the monitoring of glacier volume changes[J].Geophysical research letters,33(8):153-172.

BERTHIER E,SCHIEFER E,Clarke G K C,et al.,2010.Contribution of Alaskan glaciers to sea-level rise derived from satellite imagery[J].Nature geoscience,3(2):92-95.

BHUTIYANI M R,1999.Mass-balance studies on siachen glacier in the nubra valley,karakoram himalaya,India[J].Journal of glaciology,45(149):112-118.

BOLCH T,BUCHROITHNER M F,PIECZONKA T,et al.,2008.Planimetric and volumetric glacier changes in the Khumbu Himal, Nepal, since 1962 using Corona, Landsat TM and ASTER data[J].Journal of glaciology, 54 (187):592-600.

BOLCH T,KULKARNI A,KÄÄB A,et al.,2012.The state and fate of Himalayan glaciers[J].Science,336:310-314.

BRUN F, BERTHIER E, WAGNON P, et al., 2017. A spatially resolved estimate of High Mountain Asia glacier mass balances from 2000 to 2016[J]. Nature geoscience,10(9):668-673.

BUDILLON A,PASCAZIO V,SCHIRINZI G,2013.Joint estimation of moving target reflectivity and velocity via AT-InSAR systems based on complex interferometric data [J]. ISPRS journal of photogrammetry and remote sensing,75:1-10.

CAICOYA A T,KUGLER F,HAJNSEK I,et al.,2012.Boreal forest biomass classification with TanDEM-X[C]//Geoscience and remote sensing symposium.Munich:[s.n.].

CHARBONNIER S,OSMANOGLU B,DIXON T,et al.,2013.Application of TanDEM-X data to Volcanic flow hazard assessment:example from Merapi Volcano, Central Java, Indonesia[C]//TanDEM-X science team meeting. Oberpfaffenhofen:[s.n.].

CHATURVEDI S K,SHANMUGAM P,YANG C S,et al.,2013.Detection of ocean wave parameters using synthetic aperture radar(SAR) data[J].The journal of navigation,66:283-293.

DAMODAR L, TAKANOBU S, TETJI W, 2011. Digital terrain modelling using Corona and ALOS PRISM data to investigate the distal part of Imja Glacier, Khumbu Himal, Nepal[J]. Journal of mountain science, 8(3): 390-402.

DEHECQ A, MILLAN R, BERTHIER E, et al., 2016. Elevation changes inferred from TanDEM-X data over the Mont-Blanc area: impact of the X-band interferometric bias[J]. IEEE journal of selected topics in applied earth observations and remote sensing,9(8):3870-3882.

DELEDALLE C A,DENIS L,TUPIN F,2011.NL-InSAR:nonlocal interferogram estimation[J].IEEE transactions on geoscience and remote sensing,49

(4):1441-1452.

DESROCHES D, FJORTOFT R, POURTHIE N, et al., 2013. Height map generation for hydrology from low incidence TanDEM-X data [C]// TanDEM-X science team meeting. Oberpfaffenhofen: [s.n.].

DOBHAL D P, GERGAN J T, THAYYEN R J, 2008. Mass balance studies of the Dokriani Glacier from 1992 to 2000, Garhwal Himalaya, India[J]. Bulletin of glaciological research, 25: 9-17.

FARR T G, ROSEN P A, CARO E, et al., 2007. The shuttle radar topography mission[J]. Reviews of geophysics, 45: 1-33.

FROGER J, HARRIS A, VILLANUEVE N, et al., 2013. TanDEM-X data for early mapping and volume estimation of lava flows: October 2010 Lava flow of Piton de la Fournaise case study[C]//TanDEM-X science team meeting. Oberpfaffenhofen: [s.n.].

FUJITA K, NUIMURA T, 2011. Spatially heterogeneous wastage of Himalayan glaciers[J]. Proceedings of the national academy of sciences of the United States of America, 108(34): 14011-14014.

GARDELLE J, BERTHIER E, ARNAUD Y, 2012. Slight mass gain of Karakoram glaciers in the early twenty-first century[J]. Nature geoscience, 5(5): 322-325.

GARDELLE J, BERTHIER E, ARNAUD Y, et al., 2013. Region-wide glacier mass balances over the Pamir-Karakoram-Himalaya during 1999-2011 [J]. The cryosphere, 7(4): 1263-1286.

GARDNER A S, MOHOLDT G, COGLEY J G, et al., 2013. A reconciled estimate of glacier contributions to sea level rise: 2003 to 2009[J]. Science, 340: 852-857.

GOEL K, ADAM N, 2013. Advanced stacking of TerraSAR-X and TanDEM-X data in complex urban areas[C]//Urban remote sensing event (JURSE'13). Sao Paulo: [s.n.].

GONZÁLEZ J H, ANTONY J M W, BACHMANN M, et al., 2012. Bistatic system and baseline calibration in TanDEM-X to ensure the global digital elevation model quality [J]. ISPRS journal of photogrammetry and remote sensing, 73: 3-11.

GONZÁLEZ J H, BACHMANN M, SCHEIBER R, et al., 2010. Definition of ICESat selection criteria for their use as height references for TanDEM-X

[J].IEEE transactions on geoscience and remote sensing,48(6):2750-2757.

GRUBER A, WESSEL B, HUBER M, et al., 2012. Operational TanDEM-X DEM calibration and first validation results[J].ISPRS journal of photogrammetry and remote sensing,73:39-49.

HAJNSEK I,BUSCHE T,2010.TanDEM-X Science Plan[R]//Germany:DLR.

HOPKINSON C, DEMUTH M, SITAR M, et al., 2001. Applications of airborne LiDAR mapping in glacierised mountainous terrain[C]//2001IEEE international geoscience and remote sensing symposium.Sydney:[s.n.].

HUBER M, WESSEL B, KOSMANN D, et al., 2009. Ensuring globally the TanDEM-X height accuracy: analysis of the reference data sets ICESat, SRTM and KGPS-tracks [C]//2009 IEEE international geoscience and remote sensing symposium.[S.l.:s.n.].

JACOB T,WAHR J,PFEFFER W,et al.,2012.Recent contributions of glaciers and ice caps to sea level rise[J].Nature,482:514-518.

JÓHANNESSON T, BJÖRNSSON H, MAGNÙSSON E, et al., 2013. Ice-volume changes, bias estimation of mass-balance measurements and changes in subglacial lakes derived by lidar mapping of the surface of Icelandic glaciers[J].Annals of glaciology,54(63):63-74.

KOBLET T,GÄRTNER-ROER I,ZEMP M,et al.,2010.Reanalysis of multi-temporal aerial images of Storglaciären,Sweden(1959-99)-Part 1:determination of length,area,and volume changes[J].The cyosphere,4(3):333-343.

KRIEGER G,MOREIRA A,FIEDLER H,et al.,2007.TanDEM-X:a satellite formation for high-resolution SAR interferometry[J].IEEE transactions on geoscience and remote sensing,45(11):3317-3340.

KUBANEK J,WESTERHAUS M,HECK B,2013.Application of TanDEM-X interferometry in volcano monitoring using Merapi,Indonesia and Volcan de Colima, Mexio as test sites[C]//TanDEM-X science team meeting.Oberpfaffenhofen:[s.n.].

KÄÄB A,2005.Combination of SRTM3 and repeat ASTER data for deriving alpine glacier flow velocities in the Bhutan Himalaya[J].Remote sensing of environment,94(4):463-474.

KÄÄB A,TREICHLER D,NUTH C,et al.,2015.Brief communication:contending estimates of 2003-2008 glacier mass balance over the Pamir-Karakoram-Himalaya[J].The cryosphere,9(2):557-564.

LACHAISE M, FRITZ T, YAGUE-MARTINEZ N, et al., 2013. Dual-baseline phase unwrapping correction for the TanDEM-X mission: after one year experience[C]//2013 ieee international geoscience and remote sensing symposium. Melbourne: [s.n.].

LANCASTER S T, NOLIN A W, COPELAND E A, et al., 2012. Periglacial debris-flow initiation and susceptibility and glacier recession from imagery, airborne LiDAR, and ground-based mapping[J]. Geosphere, 8(8): 417-430.

LANGE H, SOLBERG S, 2013. Interferometric X-band SAR for monitoring of forest biomass: correction of topographic effects[C]//TanDEM-X science team meeting. Oberpfaffenhofen: [s.n.].

LI G, LIN H, 2017. Recent decadal glacier mass balances over the Western Nyainqentanglha Mountains and the increase in their melting contribution to Nam Co Lake measured by differential bistatic SAR interferometry[J]. Global and planetary change, 149: 177-190.

LI J, LI Z, ZHU J J, et al., 2017. Early 21st century glacier thickness changes in the Central Tien Shan[J]. Remote sensing of environment, 192: 12-29.

LIN H, LI G, CUO L, et al., 2017. A decreasing glacier mass balance gradient from the edge of the Upper Tarim Basin to the Karakoram during 2000-2014 [J]. Scientific reports, 7(1): 6712.

LIU G, FAN J, ZHAO F, et al., 2017. Monitoring elevation change of glaciers on Geladandong Mountain using TanDEM-X SAR interferometry[J]. Journal of mountain science, 14(5): 859-869.

LIU L, JIANG L M, SUN Y F, et al., 2016a. Glacier elevation changes (2012-2016) of the Puruogangri Ice Field on the Tibetan Plateau derived from bi-temporal TanDEM-X InSAR data[J]. International journal of remote sensing, 37(24): 5687-5707.

LIU L, JIANG L M, SUN Y F, et al., 2016b. Morphometric controls on glacier mass balance of the Puruogangri Ice Field, central Tibetan Plateau [J]. Water, 8(11): 496.

MARTONE M, BRÄUTIGAM B, RIZZOLI P, et al., 2012. Coherence evaluation of TanDEM-X interferometric data[J]. ISPRS journal of photogrammetry and remote sensing, 73: 21-29.

MATSUO K, HEKI K, 2010. Time-variable ice loss in Asian high mountains from satellite gravimetry[J]. Earth and planetary science letters, 290(1-2):

1-36.

MELKONIAN A K, WILLIS M J, PRITCHARD M E, et al., 2013. Satellite-derived volume loss rates and glacier speeds for the Cordillera Darwin Icefield, Chile[J]. The cryosphere, 7(3): 823-839.

MUSKETT R R, LINGLE C S, SAUBER J M, et al., 2009. Airborne and spaceborne DEM-and laser altimetry-derived surface elevation and volume changes of the Bering Glacier system, Alaska, USA, and Yukon, Canada, 1972-2006 [J]. Journal of gaciology, 55(190): 316-326.

NECKEL N, BRAUN A, KROPÁCEK J, et al., 2013. Recent mass balance of the Purogangri Ice Cap, central Tibetan Plateau, by means of differential X-band SAR interferometry[J]. The cryosphere, 7(5): 1623-1633.

NECKEL N, KROPÁCEK J, BOLCH T, et al., 2014. Glacier mass changes on the Tibetan Plateau 2003-2009 derived from ICESat laser altimetry measurements[J]. Environmental research letters, 9(1): 1-7.

NECKEL N, LOIBL D, RANKL M, 2017. Recent slowdown and thinning of debris-covered glaciers in south-eastern Tibet[J]. Earth and planetary science letters, 464: 95-102.

PIROTTI F, GUARNIERI A, 2013, VETTORE A. State of the art of ground and aerial laser scanning technologies for high-resolution topography of the earth surface[J]. European journal of remote sensing, 46(1): 66-78.

QIN X, CHEN J, WANG S, et al., 2015a. Reconstruction of surface air temperature in a glaciated region in the western Qilian Mountains, Tibetan Plateau, 1957-2013 and its variation characteristics[J]. Quaternary international, 371: 22-30.

QIN X, CUI X, DU W, et al., 2015b. Variations of the alpine precipitation from an ice core record of the Laohugou glacier basin during 1960-2006 in western Qilian Mountains, China[J]. Journal of geographical sciences, 25(2): 165-176.

QUINCEY D J, BISHOP M P, KÄÄB A, et al., 2014. Digital terrain modeling and glacier topographic characterization [M]//Global Land Ice Measurements from space. Berlin: Springer Berlin Heidelberg: 113-144.

RACOVITEANU A E, ARNAUD Y, WILLIAMS M W, et al., 2015. Spatial patterns in glacier characteristics and area changes from 1962 to 2006 in the Kanchenjunga-Sikkim area, eastern Himalaya[J]. The cryosphere, 9: 505-523.

REES W G, ARNOLD N S, 2007. Mass balance and dynamics of a valley glacier

measured by high-resolution LiDAR[J].Polar record,43(4):311-319.
RIGNOT E, ECHELMEYER K, KRABILL W, 2001. Penetration depth of interferometric synthetic-aperture radar signals in snow and ice[J].Geophysical research letters,28(18):3501-3504.
RIZZOLI P, BRÄUTIGAM B, KRAUS T, et al., 2012. Relative height error analysis of TanDEM-X elevation data[J].ISPRS journal of photogrammetry and remote sensing,73:30-38.
ROMEISER R, SUCHANDT S, RUNGE H, et al., 2010. First analysis of TerraSAR-X along-track InSAR-derived current fields[J].IEEE transactions on geoscience and remote sensing,48(2):820-829.
ROSEN P A, HENSLEY S, JOUGHIN I R, et al., 2000. Synthetic aperture radar interferometry[J].Proceedings of the IEEE,88(3):333-382.
ROSSI C, GERNHARDT S, 2013. Urban DEM generation, analysis and enhancements using TanDEM-X[J].ISPRS journal of photogrammetry and remote sensing,85:120-131.
ROSSI C,GONZALEZ F R,FRITZ T,et al.,2012.TanDEM-X calibrated raw DEM generation[J].ISPRS journal of photogrammetry and remote sensing, 73:12-20.
RUNGE H,SUCHANDT S,KAHLE R, et al., 2013. Ocean current retrievals from TerraSAR-X and TanDEM-X data [C]//TanDEM-X science team meeting. Oberpfaffenhofen:[s.n.].
SCHLUND M,VON PONCET F,HOEKMAN D H,et al.,2014.Importance of bistatic SAR features from TanDEM-X for forest mapping and monitoring [J].Remote sensing of environment,151:16-26.
SOLBERG S,ASTRUP R,BREIDENBACH J,et al.,2013.Monitoring spruce volume and biomass with InSAR data from TanDEM-X[J].Remote sensing of environment,139:60-67.
SONG C,KE L,HUANG B,et al.,2015.Can mountain glacier melting explains the GRACE-observed mass loss in the southeast Tibetan Plateau: from a climate perspective? [J].Global and planetary change,124:1-9.
SUN Y F,JIANG L M,LIU L,et al.,2017.Mapping glacier elevations and their changes in the western Qilian Mountains, northern Tibetan Plateau, by bistatic InSAR[J].IEEE journal of selected topics in applied earth observations and remote sensing,11(1):68-78.

SUN Y L,JIANG L M,LIU L,et al.,2017.Spatial-temporal characteristics of glacier velocity in the central karakoram revealed with 1999-2003 Landsat-7 ETM+pan images[J].Remote sensing,9(10):1064.

SURAZAKOV A B,AIZEN V B,2006.Estimating volume change of mountain glaciers using SRTM and map-based topographic data[J].IEEE transactions on geoscience and remote sensing,44(10):2991-2995.

TANG X M, ZHANG G, ZHU X Y, et al., 2013. Triple linear-array image geometry model of ZiYuan-3 surveying satellite and its validation[J].International journal of image and data fusion,4(1):33-51.

TREUHAFT R, GONGALVES F, MADSEN S, et al., 2013. Tropical forest remote sensing of structure and biomass over Brazil with TanDEM-X[C]//TanDEM-X science team meeting. Oberpfaffenhofen:[s.n.].

WANG P Y,LI Z Q,YU G B,et al.,2016.Glacier shrinkage in the Daxue and Danghenan ranges of the western Qilian Mountains, China, from 1957 to 2010[J].Environmental earth sciences,75(2):127.

WANG Y Z,ZHANG T,REN J W,et al.,2016.An investigation of the thermo-mechanical features of Laohugou Glacier No.12 in Mt.Qilian Shan, western China,using a two-dimensional first-order flow-band ice flow model[J].The cryosphere discussions,1(1):1-21.

WENDLEDER A,WESSEL B,ROTH A,et al,2013. TanDEM-X water indication mask:generation and first evaluation results[J].IEEE journal of selected topics in applied earth observations and remote sensing,6(1):171-179.

WILLIS M J, MELKONIAN A K, PRITCHARD M E, et al., 2012. Ice loss from the Southern Patagonian Ice Field, South America, between 2000 and 2012[J].Geophysical research letters,39(17):1-6.

XIANG L W, WANG H S, STEFFEN H, et al., 2016. Groundwater storage changes in the Tibetan Plateau and adjacent areas revealed from GRACE satellite gravity data[J].Earth and planetary science letters,449:228-239.

YANG W, GUO X, YAO T, et al., 2016. Recent accelerating mass loss of southeast Tibetan glaciers and the relationship with changes in macroscale atmospheric circulations[J].Climate dynamics,47(3-4):805-815.

YANG W,YAO T D,GUO X F,et al.,2013.Mass balance of a maritime glacier on the southeast Tibetan Plateau and its climatic sensitivity[J].Journal of geophysical research:atmospheres,118(17):9579-9594.

YAO T, THOMPSON L, YANG W, et al., 2012. Different glacier status with atmospheric circulations in Tibetan Plateau and surroundings[J]. Nature climate change, 2(9): 663-667.

ZHANG Y S, LIU S Y, SHANGGUAN D H, et al., 2012. Thinning and shrinkage of Laohugou No.12 glacier in the western Qilian Mountains, China, from 1957 to 2007[J]. Journal of mountain science, 9(3): 343-350.

ZHOU Y S, LI Z W, LI J, 2017. Slight glacier mass loss in the Karakoram region during the 1970s to 2000 revealed by KH-9 images and SRTM DEM[J]. Journal of glaciology, 63(238): 331-342.